店長勝經

新しい
店長のバイブル

袋井泰江……………著
賴庭筠……………譯

目次

前言

一般人大多認爲，爲達成銷售目標進行門市營運管理、銷售店員指導等工作，是身爲店長的重要職責。爲了善盡店長職責，上述工作的重要性不僅沒有改變，反而提升了。

然而，現在的改變除了速度不斷加快，更是日新月異。我們被迫經驗許多前所未見的改變，爲門市營運帶來相當大的影響。舉例來說，網路普及化使顧客能夠擁有龐大的資訊，因此門市必須面臨更嚴峻的比較與評斷，以及越來越高的服務標準。此外，隨著全球化進展，也很容易受到匯率變動、國外顧客動向等影響。

這些都是過去主管、前輩未曾經驗過的情況。也就是說，沒有人知道如何「正確」因應這些改變。

那麼比起從前，「如何讓這些改變成爲轉機」這個問題的答案，就更加必須靠店長自己思考並發掘。

等於身處現今這個時代，店長不能只是做好眼下的管理工作，還得面對完全不同的挑戰——仔細觀察市場動向，假設「或許這樣會更好」，主動尋求主管與店員的協助，付諸行動以驗證結果。

過程中會產生全新而柔軟的創意與做法，而這些創意與做法將成爲促進銷售的原動力。

當然不可能一開始就看見正確答案，知道「應該要這麼做」，必須反覆嘗試再嘗試，才能慢慢建立成功率高的模式。**門市，就像是能夠加快嘗試速度的「實驗室」。**

本書用「創造未來的領導能力」來形容這項挑戰。**此處提到的領導能力，是指店長應當描繪願景，「在何時之前，讓門市處於何種狀態」，並自己確立方向，集思廣益、克服困難。**

目前有衆多書籍、講座告訴大家如何確實進行門市營運管理工作，也就是「如何鞏固自己的地位」；卻遲遲沒有書籍、講座提及店長應當具備「創造未來的領導能力」。爲什麼會這樣呢？想必「店長的工作就是確實貫徹公司下達的指令」這項觀念是原因之一。

然而，現在的店長若仍抱持遇事「必須向上層確認才行」、「在上層沒有指示前無法行動」的態度，將無法因應改變的速度與多元，甚至有可能喪失銷售機會。

此外，若是缺乏協助以及實現想法的技巧——也就是所謂的領導能力——即使店長在面對顧客時產生「這麼做應該會更好……」的想法，很有可能就此不了了之。

很可惜的是，當這種情況持續累積，公司將認爲「第一線無法提供好的想法，是不是原本就不該對店長有所期待？」，而第一線也會誤解「反正有什麼好的想法，上層也不會接納」。對公司而言，這是莫大的損失。

時代不等人。爲了持續柔軟地因應改變，不應該再說「上層如何如何」、「下層如何如何」，店長、公司（主管）、店員必須活化彼此的優勢，以團隊之姿「共創」全新的做法。

這次，筆者以「如何實現此一目標」的觀點，歸納了店長必須具備的管理與領導能力，與實踐這些能力時的重點。

希望本書提到的管理與領導能力能使有才店長輩出並發揮所長。

袋井泰江

Chapter 1

成功店長的必要條件

變身成功店長的三大關鍵是甚麼？

CASE 1

只要提升業績就沒問題了！

原本身為銷售店員的A因為業績良好而備受肯定，爾後升為店長。A不希望其他人認為他「沒有資格當店長」，十分想要證明自己是「有能力的店長」。

然而，當他就任店長，對於數據分析、廠商往來等許多業務都不熟悉，因此無法有效利用時間。當他埋首於上述業務，就無法指導、確認並追蹤店員的情況，導致業績無法如願提升。他在門市觀察店員，總是露出嚴肅的表情，想著「換做是我，我會怎麼接待、銷售……」儘管他每天對店員大發雷霆，店員卻遲遲不願意依照他的想法去做。

「再這樣下去，這個月無法達成目標。」焦慮的A決定擱置店長業務，親自在門市接待、銷售。最後他們總算低空飛過，達成了目標，A也鬆了一口氣。他認為「即使主管責備我報告遲交，再怎麼說，門市最重要的就是業績。只要達成目標，主管也會睜一隻眼閉一隻眼吧。」決定親自銷售，彌補店員銷售技巧不足之處。

思考一下

成功的店長，必須具備哪些條件？

關鍵重點

成功店長的三大條件

一、正確理解社會責任
二、描繪門市願景
三、轉動管理循環

關鍵一——正確理解社會責任

很可惜，如果像店長一樣，認爲「店長只要提升門市的業績就好」，無法成爲成功的店長。

「店長的責任」不僅要提升門市的業績，還要——

持續提升門市業績（預期成果）。爲此，不只現在或是未來，都必須以門市管理、經營負責人的身分，創造滿足三者（店員、顧客與公司）的環境。

滿足三者的良好環境如圖 1-1 所示。

①只要環境讓人能夠積極地面對工作，店員就會主動爲了顧客、爲了公司付出，進而提升門市服務、業務生產性與顧客滿意度。

②滿意度一旦提升，就能吸引舊雨新知持續光顧，使顧客增加。

③這樣一來，門市的業績、利潤也會提升。那麼，公司（主管）不僅會對此感到滿意，也會爲了持續良性循環，而提供改善工作環境、顧客服務的協助，進而實現「滿足三者的循環」。

依照A的想法與做法，如果店長每天一直拿數字要求店員，店員或許一時能夠提升業績，但滿意度卻會因飽受壓迫而不斷下降。這樣一來，很有可能會影響顧客、公司的滿意度。那麼，店長應該怎麼做，才能確實執行任務呢？

唯有符合對方的期待，對方才會覺得「滿意」。因此一開始，我們必須先了解三者對於店長的期待，並正確掌握期待的本質。（見圖 1-2）

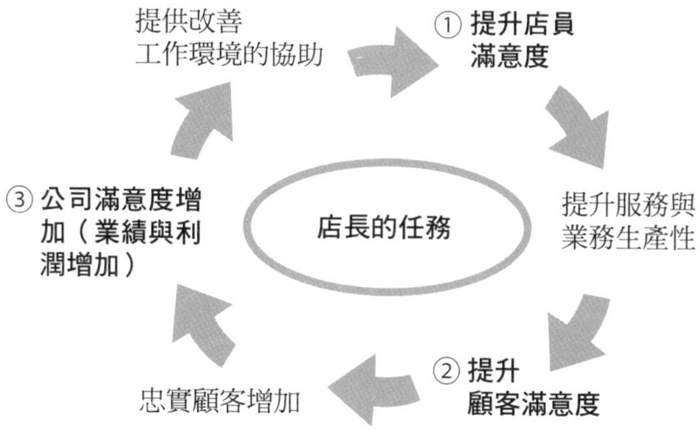

圖 1-1：滿足三者的循環

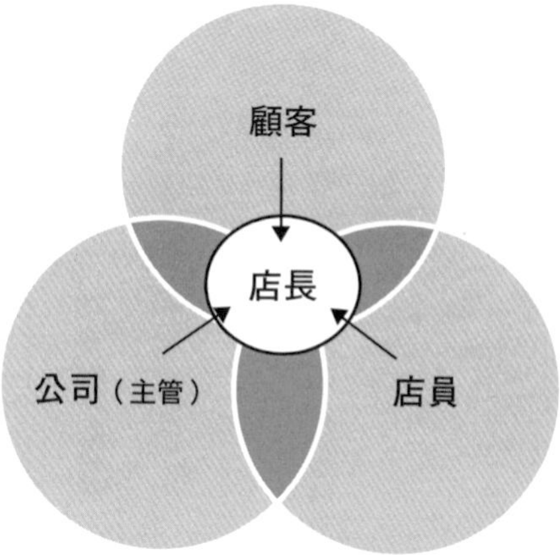

圖 1-2：店長是滿足三者的角色

掌握公司（主管）的期待

公司若要持續存在，必須有業績與利潤。爲此，公司必須提供受到顧客青睞的價值，持續創造忠實顧客。對公司而言，門市是與顧客連結的重要接點。門市可以直接提供公司想要提供給顧客的價值，也可以依照每個顧客的情況，透過更加細緻的因應，提升顧客的滿意度。事實上，即使商品完全相同，每個店長的想法與做法不同，將導致價值的提供度、顧客的滿意度出現巨大的差異。

因此，希望店長能夠正確理解公司的責任、公司描繪的願景，以及實現社會責任與願景的策略（目標與計劃）。

（1）正確理解公司的社會責任

貴公司是否建立提供價值的組織、聘雇人才、製造並銷售商品或服務？簡單說，這就是公司的社會責任。

舉例來說，「Oriental Land」公司經營東京迪士尼樂園，其社會責任（企業使命）爲「以自由而生動的創意爲原動力，提供人們美好的夢想與感動、生而爲人的喜悅，以及安寧」。的確，有些公司以往沒有明確的社會責任，不過做爲公司，一定還是希望能對顧客與社會有所貢獻。因此，與顧客距離最近的店長不能抱持「公司沒有明確的社會責任，所以我也不清楚」的態度，一定要積極理解公司的想法，仔細思考怎麼做才能透過店員，以正面的形式讓顧客了解公司的想法。

如果店長無法理解社會責任的重要性，認爲「每天確實完成眼前的工作就好」，店員也會抱持這種態度，導致門市淪爲只是用來展示、買賣商品之處。

比如有一間外食服務公司以「堅持『美味、安全、健康』的原則，提供『眞心與笑容的服務』」爲社會責任，門市店員卻無視其存在，認爲「只要依照手冊完成手邊的工作就好」。這樣一來，店員只會提供機械化而缺乏「眞心」的服務，與公司的期待值相差甚遠。

相反的，當店長將社會責任融入工作，讓店員更加具體而正確地理解社會責任，店員就會具備下列想法。

「我們餐廳的菜單不僅重視味道，更爲了顧客的安全與健康，用心地設計了使用食材與烹調方法。我們餐廳設定的社會責任是——讓顧客在舒適而溫暖的環境中享用有所堅持的佳餚，因此我們提供服務時必須謹記在心。」

這樣一來，店員就不會提供機械化的服務，而會站在肩負社會責任、直接提供顧客服務的立場，完成許多符合期待的工作，包括爲了創造舒適空間而清潔、設法讓顧客能夠趁熱享用溫熱的食物、接待時的笑容、主動向顧客提出「讓我爲您○○○吧？」、爲小朋友體貼的服務、確實應對顧客的詢問等。實踐後，顧客會留下「這間餐廳眞好」的印象，進而創造並提供公司設定的社會責任。

店長不能只是傳聲筒，讓店員複誦公司的社會責任；必須就眞實的意義，將社會責任融入工作，讓店員付諸行動。包括率先以身作則，像業務員一樣，向店員推銷公司期待的價值，讓店員了解它是多麼美好。這才是店長。

確認一下

- **貴公司的社會責任為何？你了解嗎？如果不是很清楚，請向主管確認。**
- **你是否具體傳達，讓店員了解公司的社會責任，並確認店員的行動是否符合期待？**

（2）確實了解公司的願景、策略與其企圖

公司爲持續提升業績，會設定「在何時之前，希望能夠達成哪些目標」的願景，以及實現願

景的策略（具體目標與計劃）。

你的主管必須將公司的願景與策略（目標與計劃）引進門市，設法提升業績。因此，主管必須明確指示目標（預算），也就是說「你的門市在何時之前，必須將哪些目標提升至什麼程度」，以實現公司的願景與策略。

然而，如果身爲店長的你無法掌握策略的企圖，只是做做表面工夫，讓店員知道這件事，店員往往會產生矛盾感與壓迫感。近年來，許多公司會推出嶄新的策略因應劇烈變化的市場。推動策略的店員很容易產生疑惑不安，因此公司與店員之間的橋梁——店長——越來越重要。事實上，有間公司將原本的策略「盡可能將商品出清」，大幅轉變爲「致力於增加忠實顧客」此一全新策略，並提出下列做法。

- 以往只看銷售額，往後還要將「消費一定金額以上的忠實顧客數量」納入考核項目。
- 公司將定期舉辦邀請忠實顧客的活動，店員必須邀請自己負責的顧客。
- 爲了日後的發展，接待時一定要遞上名片等。

這樣一來，門市將面臨許多全新的挑戰、改變許多以往的做法。此時，店長如果只是告訴店員「這是公司決定的，請依照規定執行」，會使習慣以往做法的店員出現各式各樣的反彈，包括「我不知道怎麼創造忠實顧客」、「沒有活動詳情，無法宣傳」、「以往的做法比較能發揮我的長處」等，甚至有可能導致店員軍心渙散、業績低迷，無法符合主管的期待。

那麼，身爲店長應該怎麼做呢？答案是，正確理解爲什麼公司之所以推出嶄新策略的企圖，並且讓店員知道。公司推出嶄新策略，必須背負風險。即使背負風險還是決定推出，表示公司對未來有構想，或對現狀感到不安。「身處變化劇烈的時代，不進則退，應該要在情況尚佳時，開始全新的挑戰才行。」許多時候，公司懷抱著這種想法。

店長與店員應該要確實理解公司爲求生存而推出的策略，並透過實踐過程，改變自己的想法，藉此機會成長。如此指導店員，是店長的重要工作，也是公司與主管對店長的期待。

「有能力的店長」一如前文所示，能夠正確理解公司（主管）的期待本質，歸納優先順序與應當要確實傳達的訊息，以自己的智慧創造結果。

確認一下

- **你是否理解貴公司這一期的策略與其企圖（目的）？**
- **你是否能夠掌握店員對於創新浮現的不安，並設法讓店員放心？**

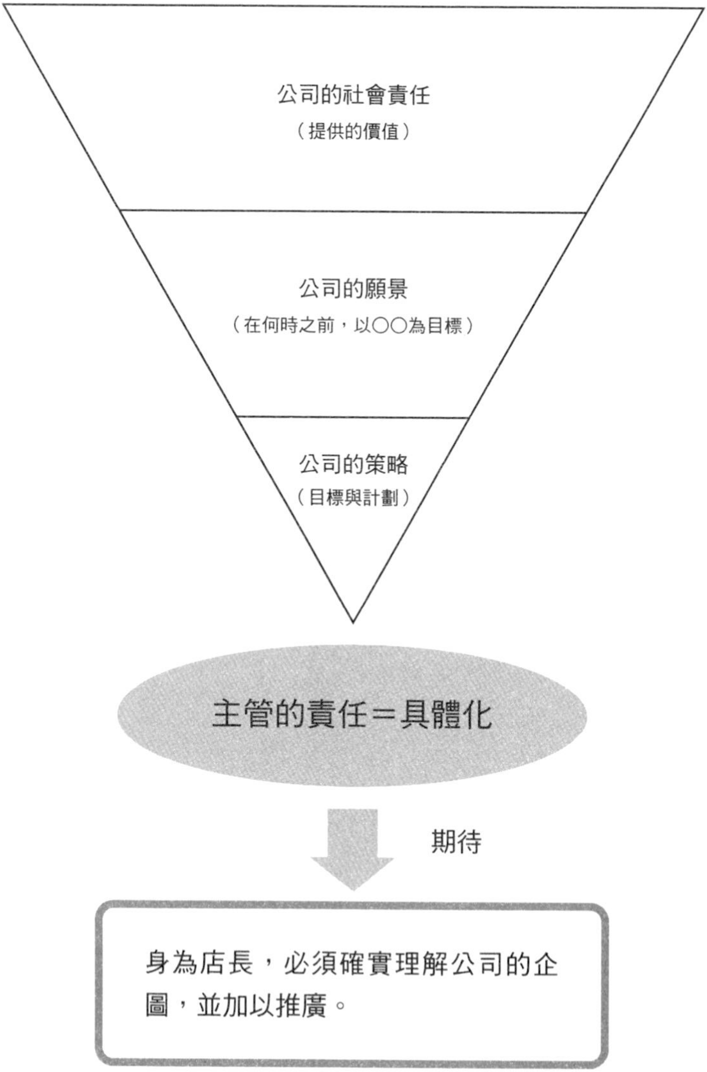
公司的社會責任
（提供的價值）
公司的願景
（在何時之前，以○○為目標）
公司的策略
（目標與計劃）
主管的責任＝具體化
期待
身為店長，必須確實理解公司的企圖，並加以推廣。

圖 1-3：理解公司的企圖

掌握顧客的期待

接著，讓我們來談「顧客」的期待。

很可惜的是，現在有許多人誤解了「顧客滿意」，沒有確實掌握顧客期待的本質，只是一味因應眼前或表面的需求。

之後的例子來自一名飯店經理，他在位於鄉下地區中上等級的飯店服務。

由於住房率日漸下滑，因此他們三不五時就推出「超值方案」，企圖提升住房率。除此之外，他們還廣發傳單、盡可能修正顧客在滿意度調查問卷上提到的項目。這些方法在短期內奏效，成功提升了住房率。

觀察他們的顧客結構，會發現以往他們的客層以商務旅客爲主，自從實施上述策略，「學生社團」、「家族旅遊」等團體旅客的比例增加不少。

比起客層變化，更在乎住房率的經理，心情每天都因住房率而七上八下。殊不知就在這段期間，商務旅客因爲「到了半夜還是很吵」、「餐廳讓人無法靜下心來用餐」、「服務比以前粗糙而隨便」而大幅減少。事實上，忠實的商務旅客才是這間飯店最穩定的業績來源。等經理留意到這一點，業績已經因爲商務旅客大幅減少而變得不甚穩定。心急的經理爲了提升住房率，一味採取低價策略，導致他們陷入服務品質更加低落的惡性循環。

之後，某大企業在該地區設立龐大的分公司，使得該地區的商務旅客增加。然而，對他們來說「爲時已晚」，商務旅客已經完全被其他飯店奪走。

如果經理當時沒有選擇速成的方向，將焦點放在飯店的重點客層——商務旅客上，確實掌握商務旅客「想要好好休息」等期待的本質，並從此處著手，提升商務旅客的滿意度，相信現在的情況必定大不相同。

那麼，身爲店長應該怎麼做，才能避免類似的錯誤呢？**重點在於——以公司策略爲藍圖，更加明確而具體地了解「我們的顧客是誰？」「顧客對我們的期待爲何？」**

比如說，假設銷售女性服裝的公司推出「目標族群爲三十至六十歲的女性」的策略。

然而即使是同一間公司，門市隨著地區不同，顧客的需求與購買行爲也會不同。爲什麼呢？因爲每個都市的規模（人口結構）、氣候、文化與競爭對手的情況等都會有所差異。

因此，店長必須依照具體屬性（年代、性別、居住地區、所得、職業、教育、消費頻率、生活風格等）來歸納門市的主要客層。

若以「位於東京市中心的高話題性商業大樓內的門市」爲例，就可以過濾出「三十至六十歲、在東京市中心工作、擁有一定程度的可處分所得、經常閱讀時尚雜誌等接收資訊速度較快的女性」前來消費的頻率比較高。

之所以要這麼過濾，是因爲如果只是漫不經心地抱持被動的態度「接待上門的顧客」，無法讓顧客留下用心的印象。相反的，只要明確歸納出會把門市視爲「我們的店」的顧客，就能夠具備吸引顧客的向心力。

然而過濾時，必須判斷兩大前提，包括「過濾客層是否合乎預算？」、「此一客層是否有可能持續前來消費？」

明確歸納出重點客層之後，就可以歸納重點客層消費時抱持的期待？爲此，必須有意識地與顧客溝通，收集更多的資訊。不是直接詢問顧客：「你想要什麼？」而是收集「根據什麼樣的生活風格，抱持什麼樣的標準選擇門市或商品？共通的喜好與堅持爲何？購買行爲模式爲何？」等資訊。

接著從收集到的資訊中，抽出期待的本質，「因應這樣的期待，是否能夠增加重點客層在門市的消費？」

以前述資訊接收速度較快的顧客爲例，

①顧客不會希望店員接待時自顧自地提供自己已經知道的資訊，而是追求自己還不清楚的資訊或專家的建議。

②顧客會希望店員盡早掌握自己的品味，誇讚自己的長處。

③顧客會希望店員具有時尚品味。

④顧客會希望店員建議如何用自己原本就有的衣物來搭配商品……等。

要歸納並驗證這些期待是否爲眞，最快速的捷徑是——**與實際顧客進行密切的溝通**。

有能力的店長必須在明確歸納重點客層、掌握重點客層的期待後，推出能夠滿足這些期待的措施。

確認一下

- **貴門市在過去與未來的重點客層是什麼樣的人？**
- **重點客層前來消費時抱持的期待為何？**

掌握店員的期待

接著要談「店員」。由於現在的價值觀越來越多元化，以往大家覺得「這是常識」的事物，也會出現因人而異的情況，必須考慮經歷、業務熟悉度與國籍的不同。在這種情況下，如果列舉店員表面的期待，將會以許多不同的層次呈現出來。

從「我希望休假程序可以簡化」、「我不想背負數字壓力」的層次，到「我希望公司以公正的標準進行考核」、「我希望店長明確指出我的錯誤」、「我希望主管多多聆聽我的意見」、「我希望自己能夠成長」等，店員有各式各樣的期待。那麼，我們該如何掌握店員期待的本質呢？

店員透過工作追求「安心」、「認同」、「肯定」與「自我實現」，若是以期待的形式來呈現，可以說是「希望公司創造能夠安心、積極工作的環境」、「希望公司即時提供必需的資訊並給予明確的指示」與「希望公司創造擴大店員可能性的機會，協助店員成長」。

這只是一般的看法。**重點是，店長必須了解每個店員期待的事物與程度都不一樣**。

舉例來說，不同類型與熟悉度的店員，有些人強烈追求「安心」、有些人強烈追求「自我實現」。此外，有人非常在意「考核」，有人則不在意。不能一概而論地認爲「店員就是這樣」。

因此無論如何，店長必須確實面對每個店員，透過溝通掌握店員的期待。

由於店長與店員是每天都會見面的同事，我們往往會誤以為掌握店員的期待比較容易。然而，掌握店員的期待恐怕最是困難。

困難的原因如下：

(1) 店長會以先入為主的成見來判斷

正因爲距離很近，店長往往會誤以爲「我很了解這個店員」、「這個店員應該是這麼想的」，卻沒有確實面對店員。這樣一來，無法正確掌握店員的期待。

可怕的是，店員甚至有可能認爲「既然店長覺得我是那樣的人，那我就做那樣的事吧」。

比如說，假設有個店長屢次與有問題的店員面談；卻一心認爲沒有什麼問題的店員「喜歡工作而信任店長」，因此在「透過平時的工作就能了解彼此」的前提下，鮮少與對方面談。

沒想到，有一天對方竟然冷不防地提出辭呈，使店長完全摸不著頭緒。儘管店長試圖挽留對方，對方卻心意已決。之後，店長聽其他店員說，才知道原來對方一直以來都對某些小事感到不滿與不平，只是每次聽見店長說：「只有你懂我」對方就無法說出實情，而且會不斷告訴自己：

「一定要做個好店員」。當壓力累積到了極限，店員便決定提出辭呈。有時候，店長會因爲「反正再怎麼與這個店員面談，對方也不會明確表達自己的意見」，導致面談時的態度顯得隨便，那麼再怎麼面談，也無法了解店員眞正的心聲。

（2）無法區別店員的場面話與真心話

站在店員的角度，店長是主管，也是評斷者。雙方關係對等時，店員或許可以說出眞心話；然而面對主管，店員自然有所顧忌。即使店員聽到店長說：「把你的眞心話說出來」，還是有可能無法解除某部分的警戒心。就算知道透過溝通才能掌握期待，一旦考慮到日後的影響，就很難說出眞心話。

因此店長必須讓店員的情感處於「正面」的狀態，包括除了工作的話題還要重視平時的對話、自己率先說出眞心話、不立刻否定店員的想法等。爲什麼呢？當人們的情感處於「負面」的狀態，很難敞開心胸。

此外，除了面談，觀察店員平時的行動，也能看出店員的眞心話。店員再怎麼說：「我很重視顧客」，在門市還是很有可能埋首於手邊的工作，而忘記抬起頭來面對顧客。店長必須仔細觀察店員平時的行動，才能掌握店員眞正的想法。

（3）店長很容易對店員有成見

如果店長有「最近的年輕人……」、「我那個時代……」、「～是常識吧？」等想法，必須特別小心。常識會因時代、情況、立場不同，出現各式各樣的改變。當店長認爲雙方的常識不同，必須在以自己的常識評斷店員之前，將此視爲了解「爲什麼店員會這麼想」、「店員的成長環境爲何？」等事物的機會。

在未來的時代，店長能夠接納多元的程度，將影響店員整體的戰力。

爲了知道店員的期待，店長必須了解每個店員都有自己堅持的重點，並確實加以掌握。

有個店員的業績總是勉強達到目標，而在店長爲此進行定期面談時，他總是一味重複：「不好意思，我會更努力」、「我會留意您告訴我的地方」等說詞。即使詢問有沒有什麼期待或目標，他也只會回答：「沒有」、「我只想做好眼前的工作」。最後，店長判斷他「缺乏自發性且不重視業績」。

然而，當店長刻意觀察他的行動，發現他平時總是積極協助其他店員、針對後進給予建議，對身邊的人事物十分細心。店長對此特別讚許他，並詢問他需不需要店長提供協助，加強他這方面的長處。

他這才說出眞心話：「其實……比起我自己接待，我更喜歡協助其他店員做好接待的工作。我覺得這樣可以讓團隊合作更加融洽，進而提升門市業績，所以想朝這個方向努力。我也對教育訓練很有興趣，總是在想如何協助工作上有煩惱的店員。不過因爲我的業績總是勉強達到目標，所以很難表達自己的想法。」

爲此，店長建議他先以升上副店長爲目標，並讓他負責指導及培育後進。他工作起來，感覺更加充滿活力了。

每個人的優短處各有不同。爲了避免一概而論，確實活用每個人的特質，讓團隊相輔相成，店長在面對店員時，必須排除先入爲主的成見。

確認一下

- **你是否會觀察店員平時的行動與表情？**
- **你是否重視平時與店員的對話（包括打招呼）？**
- **你是否能以實際的例子列舉每個店員的優短處？**

・你是否堅持問出店員的想法？

在日新月異的時代，三者的期待也不斷進化。「不需要問也知道」這種想法（固定觀念）與輕慢會阻礙店長的成功。相反的，隨時抱持好奇心，致力於了解公司（主管）、顧客與店員的心，店長才能邁向正確的道路。

身爲店長，能不能讓門市往好的方向創新，端看店長的想法與做法而定。

關鍵二——描繪門市願景

掌握三者的期待後，身爲店長的你，必須依照自己的想法明確描繪出門市的願景「在何時之前，讓門市處於何種狀態」，並讓店員了解。爲什麼呢？因爲人們無法追隨無法描繪明確目標的指揮官，面對無法描繪明確目標的指揮官，人們不會產生向心力。

此外，有了自己「想要這麼做」的想法，才能爲實現想法而活用智慧、克服困難、開創新局。

「創造未來的領導能力」必須要有願景

（1）店長必須具備的兩種能力

在未來的時代，不能認爲「公司應該要告訴我，店長應該要以什麼爲目標、要做些什麼」由於市場變化十分劇烈，每間門市的情況也不同，公司不會有所謂的正確答案。相反的，在明確理解公司想法的同時，指示店員應該遵循的方向，努力實現公司的想法——這才是未來的時代需要的店長。

鞏固基礎的管理能力＋創造未來的領導能力

這兩種能力沒有孰輕孰重，而是缺一不可的「車輪」關係（參考圖1-4）。接下來將說明創造未來的領導能力與門市願景的重要性。

（2）願景讓三者從對立關係轉變為共存關係

店長的角色是「身爲管理與經營門市的負責人，不僅現在，未來也要持續爲三者創造良好的環境」。事實上，公司（主管）、顧客與店員三者的利害關係並不一致，店長經常就像夾心餅乾

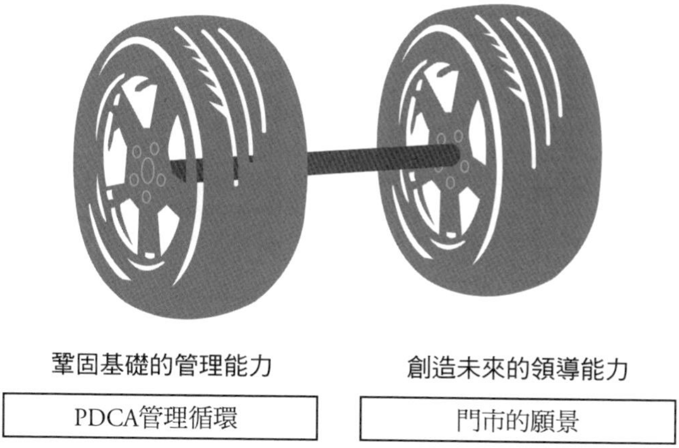

圖 1-4：店長必須具備的兩種能力

一樣，居中而進退兩難。

舉例來說，假設店員對店長說：「公司要我們提升業績，可是強迫推銷會降低顧客滿意度。究竟哪一邊比較重要呢？」、「店員不夠，接待顧客無法面面俱到，請要求公司增加人力！」

或者是顧客對店長說：「其他公司等優待、折價券等特惠服務比較多，你們什麼都沒有。到底有沒有誠意啊？」、「之前我客訴的事一直沒有改善，你們真的有想要重視顧客的心聲嗎？」

身爲店長，居中努力時經常陷於思考「如何找到妥協點」、「我能扮演好協調的角色嗎？」、「之前我幫這一邊說話，這次只能站在那一邊」……等問題的情況。身爲店長，經常需要找到「脫身之道」——這並不是一件壞事，然而如果總是站在「要站在哪一邊」、「要幫哪一邊說話」的角度，就無法擺脫對立的情況。

重要的是讓店員了解「我們應該要朝哪個方向前進、要以何爲目標」，站在「長期、大局、基礎」的角度，促使店員了解「爲此，我們應該以何爲優先、集中在哪些事物上、應該要如何互相幫忙」，使雙方同心協力。這才是「創造未來的領導能力」，也才是身爲門市中流砥柱的店長應該要扮演的角色。

有能力的店長，會確實理解願景的重要性，並以此爲武器，加強相關人士的集體意識，主動創造理想的情況。

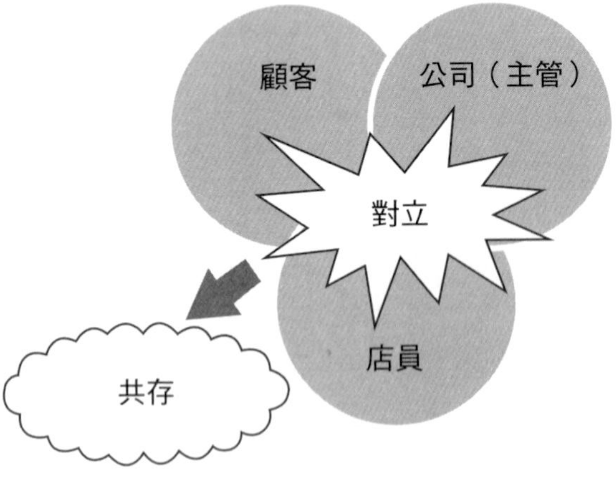

圖 1-5：讓三者自對立關係轉變為共存關係

描繪願景時的重點

(1) 寫在紙上

爲了不使願景成爲遙不可及的夢想，請寫在紙上。寫在紙上時，要以三者的期待與自己的想法爲基礎，以一至三年爲期，寫出「希望實現的狀態」。不僅如此，還要說明實現之後對哪些人而言有哪些好處。看了，是不是很雀躍呢？

(2) 描繪實現願景的過程

接下來，店長要思考實現願景的過程中，社會與公司是否有可能出現促使門市實現願景的變化。在此同時，還要過濾出有可能造成風險或負擔的事物，並分析門市的優勢與劣勢。最後，以此描繪實現願景的過程。

這樣一來，就可以看出有可能面臨的挑戰，還有應該要創新、持續與加強的事物——這些是身爲店長的你，眞正應該要做的。然而光是獨力構思，情況不會有任何改變，必須以實現願景的過程爲基礎，從創造助力的行動開始。

關鍵三——轉動管理循環

管理循環的重要性

在沒有明確計劃與方向的情況下，工作不會順利。尤其是身爲率領團隊做出業績的人，進行所有例行工作時，都要擬定計劃（Plan）並確實執行、引導店員（Do）。接著，確認結果（Check）。最後，針對計劃與結果之間的差異，分析主要原因並進行修正與改善（Action）。上述ＰＤＣＡ循環稱爲管理循環，看似單純，對於提升門市經營的效果與速度卻是極爲重要。

此外，自前次循環的「Action」接續到下次循環的「Plan」時，可以看出基於反省而擬定的各種因應方法，因此這種循環並非平面，而是螺旋狀的成長循環。即使經驗相同，套用ＰＤＣＡ所累積的能力與訣竅將不可小覷。

以PDCA實踐所有工作

相信絕大多數的門市，爲了達成這個月的業績目標，都會確實轉動PDCA，也就是管理循環，包括如何使用時間、如何行動、在什麼時機修正方向等。然而，PDCA不但可以用來管理數字，還可以用來因應所有業務。特別是門市。門市是顧客隨時都在檢視的地方，也是公司用來展示商品的地方，非常重要，必須留意每個細節，以最好的狀態展示商品。

比如以例行工作之一的清潔爲例，此時，重點在於目的或目標（Objectives）爲何。「因爲是工作，所以得做」是理所當然，只要將「爲了讓顧客高興，就連難以察覺的部分都要徹底清潔」

圖1-6：管理循環

視爲目的或目標，那麼要求的標準、付出的努力與結果都將大不相同。

有句話說：「些微的差別等於巨大的差別」。令人意外的是，顧客往往會因爲一些小事而感動或滿足，「竟然連這裡都注意到了」。同樣的，徹底清潔也要確實轉動ＰＤＣＡ，掌握如何在有限的時間內，提升清潔的效率與效果。若是必要，可以製作清潔手冊、決定每天的清潔重點「今天要特別清潔這個部分！」，或是費心規劃確認方式等，集思廣益。

乍看之下，這麼做十分麻煩，然而只要在顧客看不見的地方多一些努力與堅持，持之以恆，就能產生嶄新的做法與卓越的標準。特別是門市的標準，將視店長轉動ＰＤＣＡ的目標爲何而定。

事實上，妥善經營的門市除了表面，就連倉庫等內部也是十分整齊。朝會等例行工作很有效率、資訊傳達也很確實。這樣一來，店員工作起來才能更加舒適。

爲了不使例行工作流於形式而產生惰性，請記得以ＰＤＣＡ鞏固基礎。

店長的價值與煩惱

即使成爲店長，要以店長的身分持續提升業績絕非易事。轉動ＰＤＣＡ，也需要店長積極而主動的力量。那麼，店長的努力有什麼價值呢？經過問卷調查，前五名的項目如下：

〈正面想法〉

①獲得顧客的信賴

②獲得店員的信賴

③產生共鳴的夥伴

④喜歡商品（對於商品的忠實度與信心）

⑤成果（肯定、成就感）

從這五個項目，就可以明白讓店長樂於工作的情況如下：

對於自己經營的商品具備忠實度與信心，一心想要讓更多人知道。爲此，在彼此信賴的店員與夥伴協助之下，付出的努力不僅能讓門市達到業績目標，還能獲得顧客的信賴，讓顧客覺得「在你的門市消費眞是太好了，我一定會再來」。

創造出良性循環後，想必店長一定能夠品嘗到努力的價值，等於實現了三者滿足的狀態。

另一方面，我們也在問卷調查裡，詢問店長們在實現這種狀態之前，是否曾經出現哪些煩惱。結果列舉如下：

〈負面想法〉

①競爭對手衆多，很難壓低成本（地理位置不佳、無法立即做出決定）

②有些店員缺乏達成目標的態度（經過提醒還是沒有改善）

③第一線的意見不被接納（經常缺貨、資訊傳達速度慢、人力不足）

④無法培育儲備店長

⑤看不見自己的未來

在追求三者滿足的過程中，應當如何突破這些難關？店長必須具備哪些管理能力與領導能力？這些內容，將從第一章開始詳細解說。

Chapter 2

創造門市魅力

如何活用手中的經營資源

本章將以店長的煩惱「競爭對手眾多，很難壓低成本（地理位置不佳、無法立即做出決定）」為主，思考店長身處人力、物品、經費、資訊等公司給予的經營資源中，應當發揮哪些管理能力與領導能力，才能創造受到顧客青睞的門市。

CASE 2

巧婦難為無米之炊！

由B擔任店長的門市，很少有顧客走進來，走進來的顧客也總是隨意瀏覽一會兒便離去。

儘管店員為了努力提升業績而積極招呼顧客、有禮接待顧客，卻遲遲看不見成效，很難維持店員的動力。

雖然B請公司設法協助招攬顧客，但經費有所限制，也沒有特效藥。

距離B的門市數十公尺之處有一競爭對手，總是生意興隆。B看得出來，競爭對手的商品比他們豐富。選擇多元，使競爭對手大受顧客好評，也使競爭對手的店員工作起來充滿活力。因此，B的門市店員甚至會抱怨：「我也希望自己能夠像他們那樣，盡情地接待顧客。在這裡工作，接待顧客的次數太少，銷售技巧不會進步。」

最近就連B也開始思考，「可以為門市做的，我已經盡了全力，不過巧婦難為無米之炊。如果業績不好，出席店長會議的時候一定會被說得很難聽。被分配到這種門市，才會這麼丟臉；如果能夠轉到條件比較好的門市，就不會落得如此下場……」

思考一下

如果你分配到B目前的門市，身為店長，你認為應該從何處著手，才能讓門市受到顧客青睞？

關鍵重點

突破現狀的必要條件

一、將現有的經營資源變成「寶物」

二、活用經營資源，實踐成功策略

三、創造固定顧客

關鍵一——將現有的經營資源變成「寶物」

活用現有資源創造未來

即使轉動PDCA改善目前的措施，現況還是沒有起色……此時若是置之不理，團隊中會瀰漫一股無力感，陷入「無論做任何事，都不期待會成功」的狀態。

此時，店長才更應該要發揮「創造未來的領導能力」。也就是說，思考時不能只看現況，必須以「希望實現的狀態」（門市的願景）明確掌握「現在應該要做的事」，與店員一同擬定計劃，並付諸行動。

「在業績這麼差的門市，做什麼都不會成功」，如果一開始就選擇放棄，不僅無法產生新意與智慧，未來也不具任何可能性。店長擁有公司給予的經營資源，必須具備挑戰精神，企圖有效活用資源創造未來。

有效發揮現有資源的可能性

店長擁有的經營資源，主要是人力（店員、主管、組織、廠商、熟人、固定顧客等所有相關人士）、物品（商品、備品、設備等）、經費、門市空間、時間與資訊。活用這些資源，原本是店長展現能力的機會，然而當嚴峻的情況持續，店長經常會在不知不覺間，越來越看不見門市的優勢。

看不見自己的優勢，等於看不見資源的價值，爾後就會出現諸多不滿，包括「沒有好的店員」、「公司不肯聆聽我的建議」、「商品種類不夠豐富」、「經費太少」、「門市裝潢老舊」、「倉庫太小」、「沒有時間開會」、「接收不到資訊」等，最後就會產生負面想法，根深蒂固地認爲「巧婦難爲無米之炊」。

活用資源的重點在於策略思考

門市與利用輸送帶統一生產商品的工廠不同，必須每天創造受顧客青睞的價值，講求的是創意。如果陷入「沒有〇〇，所以做不到」的負面想法，就會缺乏創造的動力，也不會有靈光乍現的想法。

當然，資源是越豐富越好，但如果因爲資源豐富就慣於恣意使用，一旦資源減少，極有可能出現無法持續的危機。

資源的價值，端看店長的使用方式、研磨方式。重點在於，能讓現有的資源產生多少價值。要將資源變成「寶物」，必須仰賴店長的能力。

「策略思考」對於活用現有資源、創造良好情況十分重要。

歷史上，「三千精銳大破五萬兵馬」、「儘管處於絕對不利的情況，仍然獲得勝利」等，此類故事數也數不盡，而他們之所以能夠獲得勝利，都是經過深思熟慮，才終於想出贏得大局的方法。乍看之下，或許情況對他們不利，但他們會多方思考、掌握大局，確認是否能將危機化爲轉機、確認是否有對方疏漏而自己能夠做到的事。

簡單說，就是「塞翁失馬，焉知非福」、「危機就是轉機」等「逆向思考」。

以**逆向思考**來分析市場環境與內部環境，會看見許多可以將危機化爲轉機之處。「策略思考」可以讓店長思考如何活用門市的優勢，以轉機實現門市的願景與目標；也可以避免資源分散，協助店長集中現有的資源，提升效果。

更具體的說，走進門市的顧客少不是劣勢，而是可以仔細接待每個顧客的優勢。除此之外，店長也可以和店員一同思考「能夠做些什麼？」、「應該做些什麼？」提供忙碌門市沒有的服務，設法讓顧客再次光顧或是爲門市宣傳。

或者在抱怨「沒有暢銷商品」之前，視其爲徹底思考「現有的商品有沒有可能成爲嶄新的組合」的機會。若是有暢銷商品，店長就不需要傷腦筋；但就是因爲沒有暢銷商品，才能夠加強思考能力。

做出假設加以驗證，才會有全新的發現。**「沒有任何事是沒有價值的」以此為出發點來思考，明確掌握解決方法，判斷並執行—這才是店長的工作。**

接下來，讓我們來歸納身為店長應該要如何思考，才能擬定活用資源、邁向成功的策略。

關鍵三——活用經營資源，實踐成功策略

重振門市的S店長

S店長負責的門市銷售北歐設計師品牌的服裝與雜貨，與CASE2 B店長處境相同。然而，S店長在一年內就讓門市的業績成長一倍，甚至有許多住在東京的顧客（粉絲），會特地前往S店長位於京都的門市。明明那些商品在東京（反而東京的商品種類更豐富）或網路都買得到，為什麼顧客願意特地前往京都門市呢？S店長做了些什麼？

當S成為京都門市的店長，對於門可羅雀的情況感到十分驚訝。完全沒有人會經過門市前，當然也沒有人會走進門市。重點是，店員對此並不以為意。展示服裝的假人舊舊的、店裡店外都

髒髒的。店員只是時間到了就開門、時間到了就打烊，日復一日。「明明這些商品這麼有價值，一定要改變才行！」受到打擊的她即使面對店員冷淡的態度，還是持續思考並努力採取下列措施，有效提升業績。

①徹底研究設計師的堅持與想法、北歐國家的文化等背景（很可惜，因爲只有原文，所以她必須一邊查字典才能閱讀）。

↓因此，S得以充滿自信地介紹商品創作過程、堅持的深度與北歐的文化，充滿活力地向顧客傳達自己的感動。

②徹底研究如何透過門市的裝潢與商品的陳列，來濃縮並在門市展示設計師的堅持與想法。

↓增加了許多一開始因為外觀而覺得「想要進去看一下」的顧客，進而提升忠實顧客的數量。

③每天構思不同的主題，更換假人的服裝，讓商品看起來更有魅力。此外，爲了讓走進門市的顧客留下深刻的印象，她每個月都會把自己爲假人搭配的服裝畫下來，做爲日曆，掛在門市裡。

↓只要有顧客開口索取日曆，其他顧客也會想要。爾後越來越受歡迎，總是月初才掛幾天就索取一空。此外，還有許多顧客表示：「我想送給我的朋友，請幫我準備！」

④ 製作顧客清單，紀錄每個顧客的喜好，與顧客分享共同的話題，並主動建議搭配方式。

↓越來越多顧客覺得「這是我的店」，進而向其他顧客介紹這間門市。

⑤ 由於地處京都，這間門市的客層大多是大學教授等知識階級，或前來京都觀光或出差的顧客。店長歸納了這些客層感興趣的話題，充實店員與顧客之間的對談內容（像是北歐的新聞、京都的觀光地等）

↓許多顧客因為看見店裡的顧客臉上掛著笑容，而安心地走進門市。本身對商品不感興趣的顧客，也會購買商品做為紀念品。

一開始，店員對S店長的措施心生排斥，部分店員遲遲無法接受，甚至有人因此辭職。然而，S店長將自己的想法、做法與訣竅傳授給願意接受的店員，使其充滿活力地工作。此外，一開始S店長向公司申請更換假人，卻因爲「業績不好」而被拒絕；之後公司肯定S店長在沒有增加預算的情況下，改變情況，反而主動詢問：「接下來需要什麼協助？」

回神過來才發現，原本門可羅雀的門市變成「喜愛北歐與北歐雜貨、服裝的人們聚集的地方」，其服務品質之高，甚至成爲顧客「前來京都的目的」。S店長在腦海中描繪的願景十分強烈，

「希望讓門市三百六十五天都很新鮮，讓顧客每次前來都能看見『新鮮的事物』，並為設計師商品的鮮豔色彩、多元文化感受雀躍不已」。

接下來，筆者將歸納S店長又採取了哪些策略來打破現狀。

打破現狀的策略

（1）分享門市的願景

門市的店員當初之所以沒有意識到問題的嚴重性，是因爲看不見願景，也就是「自己應該具備的態度」。願景變得明確後，店員就可以分享「哪些地方需要改變」、「哪些地方必須創新」等。

願景不單純是心血來潮的想法，而是店長發揮領導能力時的向心力所在。爲此，店長與店員必須同心協力想像並創造能夠積極實現願景的狀態。

（2）擬定邁向成功的策略

分享門市的願景之後，就要思考邁向成功的策略。此時，請參考下列三個步驟。

〈步驟一〉具體過濾出門市的機會。

即使面臨嚴峻的情況，環境與情況會持續改變。不只現在，店長必須隨時掌握有可能影響顧客購買行爲的變化。接著，思考此變化是否能成爲讓門市更加貼近願景的「機會」，並著手發揮此變化的最大效益。在此，讓我們以S店長爲例來思考看看。

擬定「可能會產生哪些影響」的假設，早一步思考應該做好哪些準備、怎麼做才能迅速因應……不需要想得太難。比如說一旦決定：「下次放假去夏威夷」，就會在電視、雜誌、電車裡的閒話家常留意到「夏威夷」三個字。這是因爲大腦會對自己十分感興趣的事物產生作用，進而主動收集資訊。

由於S店長總是以「北歐」爲出發點，持續思考自己的門市「應該怎麼做才能讓顧客高興」，讓自己處於「只要發生一些小事，就很容易產生靈感，覺得『這麼做或許比較好』」的狀態。這就是願景的力量。

雖然不是所有事情都能盡如人意，努力觀察「看不見的未來」並假設「這麼做應該會帶來這樣的結果」，能夠讓我們的想像力變得豐富。光是想像，就能不拘泥於固定觀念、擴大可能性，發現「有許多事可以做」。此外，也可以品嘗到驗證假設的趣味。

請試著將自己的話語放進表 2-1 中，自由地想像會發生什麼事。

〈步驟二〉再次確認門市的優勢。

情況越是嚴峻，越要過濾出門市尚未有效活用的資源，並思考如何活用其優勢。

S店長的例子如表 2-2（第54頁）所示。

思考之後，就會發現沒有時間猶豫，必須創造邁向未來的道路。然而，店長獨力思考畢竟會有極限，必須以店員為基礎，主動請主管、公司集思廣益，當然還有最重要的顧客。比起依照主管的指示行動；這麼做將會有更多發現。

只要店員看了覺得「店長是個越挫越勇的人」、「店長總是能想到有趣的點子」，就能提升你身為領袖的魅力與向心力。

〈步驟三〉思考把握機會、活用優勢的方法。

接下來，就要思考如何活用上述優勢。

表 2-1：環境變化與其影響（例）

公司的變化＝ Company	**競爭對手的變化＝ Competitor**	**市場（顧客）的變化＝ Customer**	三 C / **變化與影響**
積極將提升業績的訣竅納入評價機制中。	陸續推出類似的商品，積極地進行 PR 活動。	越來越成熟，有所堅持、追求真正事物的顧客增加。	**情況**
讓公司了解，爭取更多資源。	光是比較商品，顧客很容易覺得膩。人與人之間的關係變得越來越重要。	想要了解商品背後的故事等資訊的顧客增加。	**機會**
歸納顧客意見與需求，積極向公司報告。	賦予接待顧客一事其他附加價值，包括費心搭配、創造共同話題等。	學習深奧的知識、加強說明能力。	**門市的因應策略（例）**

表 2-2：確認門市的優勢

情況	進入門市的顧客很少	可能的優勢
人力	店員：其實很想接待顧客。 公司、廠商：希望獲得提升業績的「企劃」。 顧客：希望獲得進入門市的動機。	① 與因爲生意興隆而忙碌的情況不同，只要改變「問題觀」與「危機感」，就可以徹底改變做法。 （例） •每天改變櫥窗配置。 •更加親切地接待顧客。 •改變讀書會的進行方式，集思廣益。 •由於周邊寧靜而小巧玲瓏，顧客走進門市後，可以安心而悠閒地瀏覽。
物品	倉庫裡賣不出去的商品不是不好，只是沒有賣相。	① 既然已經沒有什麼能夠損失，就可以盡情實驗。藉此累積吸引固定顧客的訣竅，不僅要向公司傳達「希望」，還要向公司提出「這麼做可以提升業績」的企劃。此外，還要讓公司願意投資。
經費	甚少。	
空間	週邊寧靜而具有風情。 小巧玲瓏。	
時間	可以活用的時間十分充裕。	
資訊	只要有心，就能獲得。	

結果如表 2-3 所示。

不是由店長指示「請○○」，而是店長與店員集思廣益。再細微的事都不予否定，以「好主意！」、「還有沒有什麼好點子？」等正面話語引導出更多想法。其中，最重要的是顧客的觀點。如果不思考怎麼做才能讓顧客高興，一味強迫對方接受，是不會成功的。

也就是說，就店員的訓練教育、開發潛能與同心協力等方面來說，這種會議是活用「人力」這項資源的方法之一。店長扮演的角色，必須藉由積極正面的對談，提升店員的幹勁、改變店員的想法，一如「絕對不可能→或許可行→感覺很有趣→只要有信心或許就能改變結果→感覺會成功→絕對要成功」。

最後，讓店員擁有共同的想法，比如「既然是大家一起決定的事，就要確實執行，做出業績來」、「這是實現願景的重要挑戰」等，擬定具體的目標與計劃，轉動 PDCA 管理循環。在商品暢銷的情況下要求店員「創造固定顧客」，店員很有可能會覺得「不需要這麼做，也可

表 2-3：透過優勢活用機會

來店顧客很少	機會
可以活用的時間十分充裕：可以具備相當的知識、工具與對話內容，因應標準較高的顧客。	優勢
透過比其他公司周到的服務，期許所有店員都能成爲專家並『擁有自己負責的顧客』！	行動

以做出業績」；若是唯有如此才能提升業績，店員就會不得不全力以赴，也會強烈希望做出業績來。

如果只是埋怨、發牢騷而輕忽了這樣的機會，將是莫大的損失。被動地等待，不僅會浪費「時間」這項資源，還會變得越來越習慣失敗。相反的，只要發揮創造未來的領導能力，就能提升自己身為店長的評價。

關鍵三——創造固定顧客

創造固定顧客才能活用「顧客」這項資源

日本的商品琳瑯滿目，人口卻持續減少。在這種情況下，企業要持續而穩定地提升業績甚至存在，「如何創造更多在一定期間內反覆前來光顧並消費的顧客」（創造固定顧客）比偶然消費的顧客重要。

舉例來說，某間門市從某個時間開始因國外觀光客接踵而來，大大提升了門市的業績。店員每天爲接待顧客、處理事務而疲於奔命，怠慢了以往反覆前來消費的日本顧客。原本國外觀光客的消費金額就遠高於日本顧客，因此在不知不覺間，日本顧客越來越少前來光顧。

過了一陣子，受到金融海嘯、日圓飆漲等世界情勢的影響，國外觀光客大幅銳減。即使慌了手腳的店長寄發ＤＭ給過去曾經前來光顧的顧客，顧客也毫無反應。店長才徹底反省「應該要隨時居安思危，及早建立與顧客的關係」。

固定顧客可以爲門市帶來穩定的業績。不僅如此，固定顧客還會爲門市介紹其他顧客、與門市建立互通有無的關係。換句話說，顧客對我們而言是寶貴的經營資源之一。能否讓資源發揮最大的效用，與能否創造固定顧客密切相關。

然而，沒有門市能夠強制顧客前來消費。門市只能提供足以吸引顧客的價值，建立信賴關係，讓顧客變得忠實，以「瀏覽顧客」→「消費顧客」→「固定顧客（持續顧客）」→「支持者」→「宣傳者」等階段培育顧客。對店長而言，建立這樣的模式是必要的。

那麼，店長應該怎麼做，才能創造固定顧客呢？這是許多店長正在面對，或者今後無可避免的課題。在此，店長仍然需要具備領導能力與管理能力。接下來，讓我們以成功店長爲例，思考創造固定顧客的四項必要條件。

創造固定顧客的四項必要條件

成功創造固定顧客的店長，都實踐了下列四項重點：

(1) 創造成為關鍵的價值

門市爲創造固定顧客而實施的大多是「消費後寄發感謝信函」、「寄發告知進貨與活動消息的DM（或致電告知）」等，對於現有顧客採取的措施。這麼做的理由有：①向顧客表達感謝之意、讓顧客了解門市對顧客的重視。②讓顧客再次對門市或店員留下印象。③創造顧客再次前來消費的契機等。爲此，許多門市會要求店員「每個月要寄○張以上的DM」並嚴格執行。

的確，比起不理消費後的顧客，這麼做能讓顧客留下印象。然而事實上許多店員不知道DM可以提供顧客的價值，只是爲寄發規定數量的DM而虛應故事。很可惜，虛應故事的做法無法感動人心，讓顧客再次前來消費。於是店員就會覺得「自己被逼著做效果不大的事」，爾後當公司要求「既然光是寄發DM，顧客不會再次前來消費，那就打電話給顧客吧」店員會變得更加畏畏縮縮，認爲創造固定顧客一點都不快樂。

創造固定顧客的重點在於體認「顧客能夠看透一切」這件事。即使是很短的時間，顧客也能看透店員的心理。顧客不可能參加所有門市招待的活動，要顧客花費時間前來，一定要讓顧客知道，前來參加能夠獲得哪些利益。

獲得的利益會隨著顧客、顧客與門市之間的關係而有所不同。比如說，寄發告知新商品進貨的ＤＭ給只來消費過一次的顧客。由於顧客會收到來自四面八方的ＤＭ，許多顧客面對大量ＤＭ會冷眼處理，心想「他們一定是寄給所有人吧」。

然而，只要顧客看見ＤＭ的寄件者時想起「啊，那個人（店員）當時曾說要寄ＤＭ給我……」顧客的心就有可能因門市、店員而再度感動。也就是說，要讓顧客再次前來消費，第一步要做的是，讓顧客覺得這張ＤＭ或這通電話並不是「門市寄發給大批顧客」，而是「讓自己留下印象的店員——不是其他店員，就是當時的那個

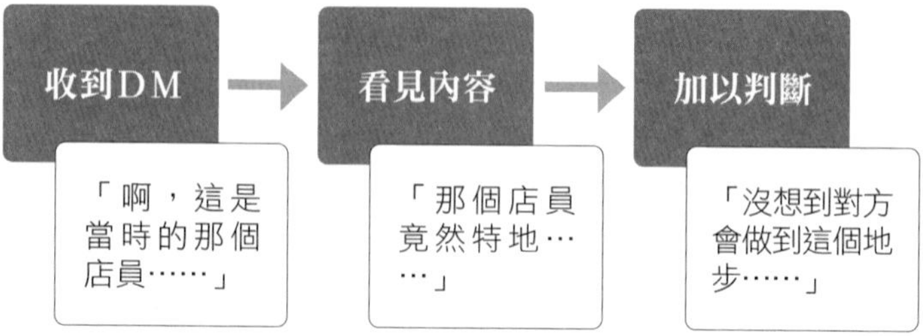

圖 2-4：成為關鍵的價值

店員──寄發給自己」的。

接著，DM的內容必須讓顧客覺得「那個店員之所以這麼做，是因爲對我很用心」。在此介紹一例。

您曾經說前往○○旅遊要帶著這次購買的包包，不知道結果如何？能夠跟您一同前往國外旅遊，相信包包一定也很開心。還記得您之前表示喜歡鮮豔的亮色，下個月○日，我們會進亮色的鞋子。看著照片，我也好期待。歡迎您親臨。恰巧我們隔壁開了一間可愛的花店，您可以順道前來逛逛。

這張DM的重點如下：

- 提及前次談到的話題。
- 記得顧客的喜好與用途。
- 用「順道前來」營造輕鬆的情況。
- 傳達店員開朗的氛圍。

為了製作這樣的ＤＭ，必須在接待顧客時就開始關心顧客，隨時思考「要怎麼做，才能讓這位顧客高興」。此外，還要將這些資訊寫在資料卡上，避免自己忘記。在顧客看不見的地方付出多少努力，將對結果產生巨大的影響。

為了創造固定顧客，讓店員對於顧客抱持前述觀念，設計事前準備至事後追蹤的措施，可以說是店長的重要工作。如果只是下達「寄發ＤＭ創造固定顧客」此類流於表面的指令，店員很容易將此項措施視為「把顧客當做笨蛋」。古時候奏效的方法，並不適用於成熟的現代社會。因此，必須從「強烈自覺到自己必須從零開始研究如何創造固定顧客」開始做起。

接下來，舉幾個店員成功讓第一次前來消費的顧客再次光臨的方法，提供各位參考。

① 接待顧客最後，坦率地告訴對方——認識對方是一件非常有意義的事。（事實上，顧客說的話、顧客的感性，很多都能讓自己在工作上有所成長或學習。此外，如果沒有在這間門市工作就無法認識對方，所以要坦率地表達感恩之意）。

② 告訴對方，希望可以跟對方保持聯絡。

③ 留下一些課題，成為讓對方再次光臨的契機。比如說：「我會事先調查○○的事」、「關

於○○的事，我一定會通知您」等，提升顧客再次光臨的機率。

此外，某個店員表示：

「如果對商品了解的程度，僅止於公司提供的資料，平時就會閱讀雜誌、瀏覽網路的顧客會覺得缺乏新鮮感。我們必須自己調查、準備，讓顧客覺得『這個店員能夠提供更深一層的資訊』。重點是，提供資訊時要想像不同顧客的喜好，思考提供哪些資訊才能滿足眼前的顧客，而非一律提供相同的資訊。當顧客感到高興，我們就會獲得莫大的成就感，覺得『眞是太好了！』」

簡單來說，要眞正掌握顧客的心，就必須付出相當的努力。或許有人認爲只要處於商品力與品牌力足以創造固定顧客的環境，就不需要如此努力。然而迪士尼之所以能夠持續三十年，正是基於不仰賴知名度的誠信，每個員工都抱持著「希望能夠看見顧客的笑臉」的想法，在自己的崗位上全力以赴，才能感動顧客。

對店員的期待從單純的商品銷售，進化到「能夠創造魅力、創造粉絲的店員」。能否培育那樣的店員，也是店長往後的全新挑戰。

（2）徹底穩固創造固定顧客的管理基礎

某個精品品牌（銷售衣服、包包、小物等商品）的某間門市由於業績很好，店員普遍根深蒂固地認爲「創造固定顧客很麻煩」，但C店長仍成功改革了那間門市，並創造了固定顧客。讓我們從C店長的實際體驗來看成功創造固定顧客的三大必要基礎。

●案例研究——成功改革門市並創造固定顧客的C店長

C就任店長時，一開始就請店員「寫出自己負責的顧客」。C這麼做，是爲了收集顧客的姓名、工作內容、消費履歷、喜愛品牌等資訊，思考該如何以此爲基礎來創造門市的財產——固定顧客。然而讓C意外的是，幾乎所有店員都沒有自己負責的顧客。

理由很明顯。那間門市的地理位置優越，許多顧客逛街時會不知不覺地走進來，購買的商品以小物爲主，因此店員們也覺得接待顧客時以小物切入是理所當然。儘管對於業績的確有所幫助，卻無法創造公司最想要掌握的客層——購買商品以衣服爲主，且經濟能力富裕，每季都會前來添購商品的固定顧客。然而，店員對此事渾無所覺，認爲只要業績提升就一帆風順。

C店長就任兩個月時，各門市必須招待自己負責的顧客參加公司的大型活動。當時是一場時裝展，而C店長的門市幾乎沒有募集到任何顧客。不過，感到悔恨的只有C店長一人，店員都顯得不痛不癢。仔細詢問才知道，原來這種情況已經持續了好幾年。

C身爲店長，清楚明白自己的使命。「難得有這麼多顧客走進門市消費，我要設法讓顧客們不只消費一次，進而培育固定顧客。這是我的挑戰。」因此，C店長指示店員接待顧客之後，如果「希望這位顧客再次前來消費」，就要將顧客的姓名、來店時間、消費履歷、感興趣的事物、喜好、要注意的重點等詳細資訊製作成筆記。對於完全無法製作筆記的店員，C店長會詢問理由，並從旁給予建議。

此外，C店長也向店員強調——在顧客決定購買商品時，一定要推薦另外一項相關商品（這麼做，可以增加與顧客談話的時間，了解顧客的喜好）。由於事後詢問店員「爲什麼沒有推薦相關商品呢？」店員會找許多藉口推拖，因此C店長決定事前規定推薦相關商品的時間點，甚至會當場輕聲提醒店員。或者是在店員結帳時詢問：「你待會兒要推薦什麼商品？」建議店員創造什麼樣的對話，讓顧客產生共鳴，愉快地瀏覽商品。

由於店員不習慣這麼做，自然會覺得不安或排斥「這不是在強迫推銷嗎？」然而C店長卻以「如果我是經濟能力富裕的顧客」爲前提，反覆強調：「比起店員不推薦任何商品，我反而希望店員認爲我有購買潛力。只要留意說話方式，推薦成套商品也是尊重顧客之道。」時間久了，顧客接受店員建議而購買商品或再次光臨的機率增加，店員也逐漸明白「爲什麼要這麼做」。花費三個月的時間，最初的觀念改革總算有了成果。

接著，C店長訂定下一步的目標，「下次公司舉辦大型活動時要招待自己負責的顧客前往參加」，並花費數月的時間，持續而愼重地培育顧客。儘管不是所有店員都能配合，但比起當初機械式地爲顧客結帳，越來越多店員懂得省思與學習，「雖然業務變得又細又雜，但能夠體會到銷售的喜悅與顧客依賴自己的醍醐味」，進而提升業績與固定顧客的數量。

看著店員生氣蓬勃地接待自己負責的顧客參與活動，C店長堅信這間門市有了改變。衣服也成爲門市的主力商品之一，固定顧客的名單也持續增加。最重要的是——店員開始思考如何創造固定顧客，這一點可以說是公司的財產。

店員在門市可以突顯商品的優點，讓不同顧客感受到商品的魅力，甚至覺得「能夠從你手中購買這項商品，眞是太好了」。C店長認爲「能夠創造固定顧客的門市，店員必須個個都是專業人士」，而設法讓店員爲此全力以赴則是C店長最重要的任務。

C店長之所以能夠成功，起因於徹底穩固三項管理基礎。

〈基礎一〉共同擁有「創造固定顧客為重要業務」的觀念

店員很容易認為日常業務與創造固定顧客的活動毫不相干，「除了日常業務還得寫DM、打電話……」。因此創造固定顧客的業務會造成店員的心理負擔，甚至因為忙碌而擱置，無法用心。或許有些門市目前一時處於下列情況，「由於走進門市的顧客很多，讓顧客留下聯絡方式，既佔據時間又缺乏效率，只能優先銷售商品給顧客」。

然而就結論來說，無論處於任何情況，所有業務的目的都是創造固定顧客。清潔、結帳、朝會、整理倉庫等，都是為了創造固定顧客。疏忽任何環節，都會導致顧客流失。此外，一旦考慮日本人口逐漸減少、難以與競爭對手有所區隔、顧客判斷標準日益嚴格等，做為接觸顧客的門市，如果不具備讓顧客「想要再次光臨」的價值，讓顧客留下印象，將無法持續提升業績。店長平時就必須早一步讓店員奠定「創造固定顧客為重要業務」的自覺。

〈基礎二〉擬定創造固定顧客的策略並付諸行動

共同擁有上述觀念後，就要擬定突顯魅力的策略，提升顧客的來店頻率。此時之所以會失敗，大多是因爲對所有顧客一律採取相同的策略。要使顧客成顧固定顧客，必須「管理賣方與買方的關係」。賣方與買方的關係，簡單來說，會如下頁圖 2-5 般進化。

與顧客之間的關係，不只會因爲賣方的想法而不同，也會因爲顧客的需求而改變。其中，有些顧客堅持「我可以自己選擇商品，只想與對方維持買方與賣方的關係」。比如說購買衣服，明確了解自己的喜好，知道自己適合什麼的顧客，絕大多數不需要顧問。況且此類顧客通常是以商品等做爲購買與否的標準，很少會受店員影響。

我們要針對的顧客，是尋求「值得信賴的顧問」的顧客。加上經濟層面的考量、店員接待的情況等，最後必須確定「門市能夠培育的固定顧客」並投注心力，否則將會導致效果與效率降低。

一旦決定目標族群，可以透過下表中的觀點來掌握讓顧客再次光臨的動機。

特殊待遇	與店員的關係	商品
集點服務、活動、優惠活動、折扣等。	專業知識、資訊提供、對話、接待等。	新商品、商品種類、修理、維護等。

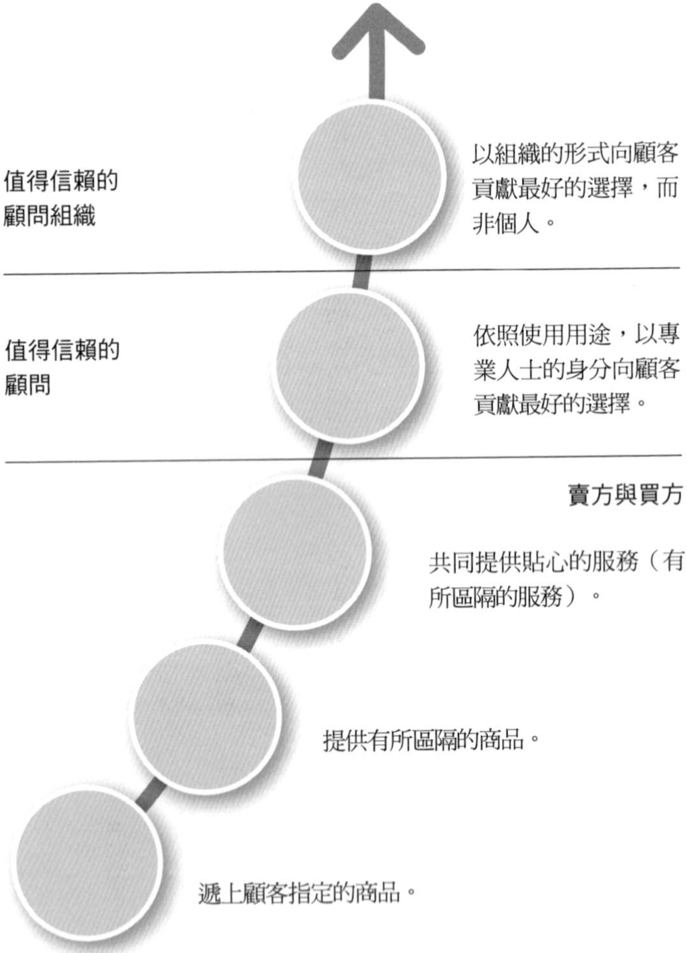
值得信賴的
顧問組織
以組織的形式向顧客貢獻最好的選擇，而非個人。
值得信賴的
顧問
依照使用用途，以專業人士的身分向顧客貢獻最好的選擇。
賣方與買方
共同提供貼心的服務（有所區隔的服務）。
提供有所區隔的商品。
遞上顧客指定的商品。

圖 2-5：賣方與買方的關係

掌握動機後，接著思考各階段接待顧客的過程（顧客第一次光臨時、第二次光臨時以及光臨三次以上時）。舉例來說，當顧客對「特殊待遇」特別感興趣，「這段時間消費，點數將會加倍」的說法就會發揮效果；當顧客對「與店員的關係」特別感興趣，店員接待顧客時就要抱持「下次務必再讓我爲您服務」的態度。

寄發DM、打電話等是必要的，但如果視其爲一個一個的「點」，將失去這麼做的意義。創造固定顧客，必須從接待顧客前的等候與接觸開始。

此外，要以接待顧客的過程爲基礎，爲每位顧客製作足以發揮效果的計劃。若是不擬定計劃，決定寄發DM後的行動，就無法以PDCA加以驗證。執行計劃、驗證結果，才能滿足創造固定顧客的管理循環。

此時身爲店長，必須留意三項重點。

① **讓店員具備接待顧客的技巧，能夠確實掌握顧客再次光臨的強烈動機。**——所謂接待顧客的技巧，在此處是指透過與顧客相談甚歡，掌握顧客堅持的技巧。缺乏這種技巧，就無法實現此一策略。

②**讓店員隨時思考自己能夠提供顧客哪些價值，並創造讓店員能夠發揮所長的環境。**——如果顧客對「與顧客的關係」特別感興趣，而非商品與特殊待遇，一旦店員無法提供專業知識、技術與資訊等顧客尋求的價值，雙方的關係就會立刻結束。

③**若是對特殊待遇特別感興趣的顧客比例較高，要請公司提供協助。**——雖然十分有可能遭到拒絕，爲了讓公司以實際數據爲基礎衡量投資效果，管理是必要的。

即使實際行動起來並不簡單，但這個步驟一旦有了成果，大家就能集思廣益，讓門市距

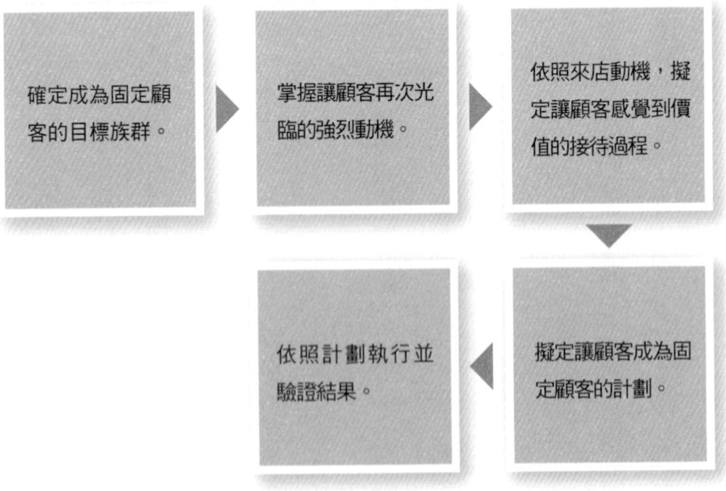
確定成為固定顧客的目標族群。
掌握讓顧客再次光臨的強烈動機。
依照來店動機，擬定讓顧客感覺到價值的接待過程。
擬定讓顧客成為固定顧客的計劃。
依照計劃執行並驗證結果。

圖 2-6：創造固定顧客的過程

離願景更近一步。如果遲遲沒有成果，就要共同分析原因，擬定解決策略。此時，如果習慣紀錄「何時、怎麼接待哪位顧客，而結果又是如何」，就能具體分析原因與擬定策略。

店員不依計劃執行的眞正原因，大多起源於「即使不怎麼做，還是能做出業績」的固定觀念或缺乏技巧。如果店長不確實指導，只是一味強調創造固定顧客的重要性，無法解決問題。店長不能將一切都交給店員，必須仔細觀察店員的言行，正確掌握造成阻礙的原因並加以排除。如此一來，才能提升成功率。

〈基礎三〉持續實施改變行動習慣的ＯＪＴ

要讓店員親身體驗創造固定顧客的接待過程、依照培育計劃採取的行動，ＯＪＴ（On the job training）是最有效的方法。不過，ＯＪＴ並非一蹴可幾，必須強烈而持續地指導，直到店員確實改變行爲習慣。

店員在面臨改變時，一開始會覺得排斥。因爲人們對於自己不習慣的事物，總是會抱持「不舒坦的情緒」。**然而只要不斷重複相同的行爲，身體就會慢慢習慣，使不舒坦的情緒減少。**此外，人們一旦對新的行爲習慣感到得心應手，就會產生正面的想法，也就是「舒坦的情緒」。如此一來，

人們就能率先採取這樣的行爲，並使這樣的行爲成爲理所當然的反射動作。這就是「習慣的力量」，如圖 2-7。

對於分秒必爭的接待來說，反射動作尤其重要。只要徹底遵循良好的習慣，門市整體的服務品質就會變得穩定。最重要的是，這樣的行爲其他公司無法模仿。迪士尼樂園員工之所以厲害，並不是因爲他們隨時提醒自己「一定要露出微笑」，而是在於他們經過日積月累而自然露出微笑的習慣。包括其他員工等整體環境都讓他們認爲這是理所當然的，這一點也很厲害。

要藉由ＯＪＴ加快改變速度，有兩個重點。

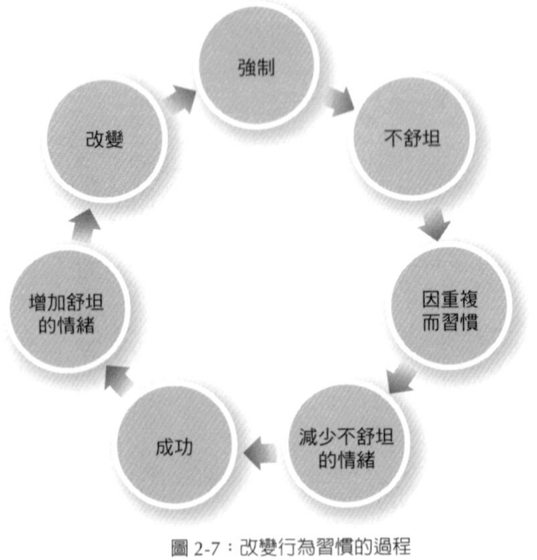

圖 2-7：改變行為習慣的過程

①**賦予意義**——設定目標「為了○○，在何時之前執行○○，達成○○的目標」，創造讓店員主動採取策略的體制。爾後，讓店員回顧做到與未做到的事，思考下一步應該要怎麼做。只要轉動這樣的PDCA，就能讓店員盡早體驗到成就感與參與感。

②**回饋**——達成目標後，店長（或者店員之間）必須當場給予具體的鼓勵「方才的行動很好」。雖然這只是小事，透過回饋，店員就能理解「這樣的行動能獲得讚賞」，並自然而然地重複此一行動。此外，讚賞能讓店員產生愉悅的感覺，而「想要再次體驗那種感覺」的情緒就成了動機，促使店員改變觀念與行動。

只要穩固創造固定顧客的三項基礎，一開始多少會覺得辛苦。然而，只要自覺「這是將顧客此一資源轉變為寶物的重要策略，必定會產生改變。而且，由於這件事並不簡單，所以能夠充滿自信地說：「門市的實力增加不少。」

（3）活用組織的力量

身為店長，在推動創造固定顧客的措施時，也可以透過以最大限度有效活用公司提供的資源，提升相輔相成的效果。舉例來說，最容易活用的資源是公司的IT系統。可以藉由調查顧客的消費履歷，提供讓顧客覺得「獨一無二」的服務。此外，對於消費特別頻繁的顧客，可以準備能夠傳達「公司（門市）十分重視顧客」的活動或禮品，以期大大提升顧客對於門市的忠誠度。

固定顧客，是組織（公司）整理的重要財產。積極地活用組織，創造讓顧客高興的態勢，進而達到口耳相傳的效果。這裡的重點是，店長要扮演橋梁的角色，讓門市與公司彼此發揮優勢，達到相輔相成的效果。

若是以活動爲例，公司要企劃「相信許多顧客會覺得高興」的活動，在考量效率的情況下準備促銷商品等。相對來說，門市若是被動地認爲：「即使公司舉辦活動，也不適用於我們門市的顧客，實在毫無幫助。不過爲了達到公司的要求，還是要招待○位顧客參加才行」這樣無法達到相輔相成的效果。

如果目前沒有適合參加活動的顧客，應該要以「把這次活動當做從零開始創造固定顧客的機會」爲出發點，呼籲店員「這次的企劃是讓○○的顧客變成粉絲的大好機會。盡一切可能活用吧！」把活動當做是克服門市弱點的機會，持續向顧客宣傳等，從店長到全部店員一同集思廣益，思考有效活用公司策略的方法並付諸行動。扮演公司與門市之間的橋梁，以最大限度有效活用公司提供的資源，創造雙贏局面，讓其他人見識店長高明的手腕。

除了活動，集點卡、DM、祕密客調查結果等，也都是門市活用的資源。爲了將其視爲武器，用來穩固門市原本就想掌握的顧客，而非被迫配合，平時就要盡一切可能地從顧客、公司等處收集資訊、創造靈感。

（4）鍥而不捨

即使開始依照「確實增加固定顧客」的策略進行改革，如果無法看見一定的效果，就有可能感到不安「這樣下去眞的好嗎？」、「即使採取相同的策略，是不是也無法達成目標？」尤其是重視每天業績的門市，一旦持續數天未達成目標，就會形成精神層面的壓力，不得不在意「未來」的事。

當然，這也是再次檢驗管理基礎是否穩固的機會，可以妥善確認門市是否確實今日事今日畢，並在必要時修正軌道。如果店長也因爲不安而刻意忽略計劃，「每天光是設法達成業績就很辛苦了，在不知道是否奏效的情況下，實在無法將時間用在創造固定顧客的策略上」，會帶給店員莫大的影響。要是連店長都不相信，店員更不可能努力達成目標，甚至會覺得「既然店長都半途而廢了，表示目標過於理想化，根本無法實現……」就結果來說，短視近利的情況就會越來越嚴重，往後即使店長呼籲「讓我們努力實現願景」，店員將有可能無法產生共鳴。

創造未來的挑戰，往往伴隨著風險。話雖如此，店長必須了解隨意放棄也伴隨著莫大的風險。

陷入這種情況的時候，店長應當怎麼做呢？

首先，店長必須以「一開始絕對會有許多不習慣或不順利的地方」爲前提，擬定不過於逞強的計劃。爲了讓計劃運作，一開始必須要刻意花費心力，讓自己習慣全新的行動模式，並依照計劃擬定進度。

接著，爲了透過全新措拖達成目標，必須讓顧客知道、了解並接受。由於這麼做也需要一定的時間，如果擬定計劃時沒有考慮到這一點，就有可能產生不必要的焦躁。

那麼進入陣痛期時，該如何維持店員的動力呢？在此列舉三個方法。

⊙活用里程碑來管理瑣碎的進度

所謂「里程碑」，是指大型專案等計劃中的工程段落或重要地點。尤其是需要一定時間的措施，可以事前決定每一個段落——里程碑——若是在期限內達成目標就給予鼓勵。

舉例來說，若是假設「只要一個月增加一百張資料卡（寫有顧客資訊的卡片）」，就機率來說，當中絕對會有三人再次光臨」，可以舉行「增加一百張資料卡競賽」，透過祭典或活動炒熱氣氛。

面對短期目標，店員的專注力也會提升。如果增加趣味性，比如說以圖表呈現團隊競賽的結果或進度，或者事前決定只要達成目標就給予鼓勵，將更容易維持店員的動力，甚至是成爲邁向下一階段的動力。

⊙由店長本人展現持續的意義

人們會受到雙眼所見事物（視覺）莫大的影響，因此店長每天在店員面前展現的行動非常重要。店員越是覺得不安「這個方向眞的沒問題嗎？」領導店員的店長就越是需要展現堅決的態度，讓店員覺得安心。因爲店長的態度將成爲店員的行爲規範。此外，店長樂觀面對等於是在鼓勵自己。就結果而言，還能讓店員覺得「店長言行一致，值得信賴」，進而提升店長對店員的影響力。

所謂信念，是指「自己相信並堅持的觀念」。如果願景能夠輕鬆實現，人們或許不會成長。因此這也是領導店員的店長強化正面想法的機會。

⊙轉動「假設（實驗）－驗證」的循環

事前擬定的計劃再怎麼說都是「假設」，必須一邊實際行動一邊「驗證」結果，在必要的時候加以修正。實現願景之前，每天都是實驗。店長必須明確掌握在今天的嘗試中，之後能夠活用的結果與程度。雖然會出現各式各樣的情況，包括「結果與假設相同」、「出乎意料之外」等，店長必須盡一切可能收集值得學習的經驗，而非當場解決後便宣告結束。此外，一旦做出需要修正的判斷就要及時行動。這也是非常重要的技巧。

以下案例寫的是D店長如何透過反覆假設與驗證，致力於累積訣竅。

D店長的門市位於百貨公司，經過門市的人卻很少。儘管門市距離手扶梯很遠，不過由於前往消費的顧客都是爲了購物而來，因此平均消費單價較高。D店長認爲只要增加入店人數，就能提升業績，說不定還能向百貨公司協調，將門市移至較佳的位置。因此D店長和店員決定以「增加入店人數」爲目標，擬定爲期一年的措施。

D店長爲此而採取的策略是「將視覺效果發揮得淋漓盡致」。首先，拍攝櫥窗陳列商品的照片。接著，讓店員站在門口確認各時段留意櫥窗的人數，並計算當中有多少人走進門市。當然，如果有人猶豫是否要走進門市，店員就要面帶微笑地積極接待對方，促使對方走進門市。

經過一定期間的統計，發現結果與「氣溫」、「當地活動」與「櫥窗」有關。爾後，他們除了收集當地活動的資訊，也會隨著氣溫，勤於更換櫥窗陳列的商品。不僅如此，他們還會在朝會時集思廣益，互相分享與該時期陳列商品有關的應對方法。

他們就那樣每天重複「假設—驗證」的過程，慢慢努力累積安打率。過了一段時間，入店人數終於超過去年的記錄。光是將焦點放在陳列商品上，就能大幅提升購買率。由於他們提供許多套裝優惠，因此平均消費單價仍然維持在很高的水準。

半年之後，D店長提供檔案向筆者表示：

「在人力吃緊的情況下，這項措施又使店員的負擔增加不少，因此我曾經擔心店員會不會因爲麻煩而無法持續。然而，在重複『假設——驗證』的過程中，只要大家一同發現更好的方法，我就有曙光乍現的感覺。最令我開心的是，店員能夠像是在玩遊戲般，充滿樂趣地執行這項措施。」

Chapter 3

提升店員幹勁的管理方法

本章將以店長的煩惱「有些店員缺乏達成目標的態度……」為主，思考店長應當發揮哪些管理能力與領導能力，來培養店員自動自發的態度。

CASE 3

有些店員缺乏達成目標的態度！

在E負責的門市裡，店員有男有女、有正式有派遣、有資淺有資深等各類型。E店長心目中的理想門市就像足球隊，每個人都能為了團體的勝利而自動自發，積極地提出意見與建議「這樣做比較好！」

儘管E店長經常對店員說：「行動前要先思考！」「行動時要考慮到FOR THE TEAM！」店員的態度卻參差不齊。有些店員只顧自己提升業績卻不願協助其他店員、有些店員老實卻不懂得舉一反三、有些店員即使業績很差也只會說「那也沒辦法」，或者被指出問題點時淨找藉口，感覺很棘手。此外，E店長也感覺到內部的溝通不良，包括身為店長的自己向店員傳達的訊息有所疏漏、店員報告特殊情況的速度太慢等。

店員在會議上甚少發言，即使是個別面談，店員也總是說：「我努力是努力了……」、「我會更加油的……」。E身為店長，希望能夠盡可能協助店員成長，然而一個巴掌拍不響，時間久了，E就會心生放棄：「我還能做些什麼呢……」

思考一下　如果你是E店長，你會怎麼做，讓店員變得積極達成目標呢？

關鍵重點　突破現狀的必要條件

I、與店員共同擁有目的與目標

II、利用三個步驟建立信賴關係

III、促進店員成長

IV、覺得不足時更要凝視長處

關鍵一——與店員共同擁有目標

共同擁有目標的重要理由

E店長心目中理想的店員是「朝著目標向前行動的店員」，等於「自己轉動PDCA的店員」。也就是說，不需要主管一一叮嚀，就會主動思考為了達成目的與目標，自己現在應該要怎

圖 3-1：自律型店員是指自己轉動 PDCA 的店員

麼做，並擬定計劃、付諸行動，接著回顧結果，思考怎麼做才能更好。這樣的店員，正是理想的店員，如圖 3-1。

如果每個店員都是如此，E店長的煩惱就不會產生。正因爲如此，主角扮演著協助每個店員轉動PDCA的角色，十分重要。

那麼，店長必須給予什麼樣的協助呢？想要激發店員的動力，重點是店長自己必須先確立以下觀念，「只要具備完善的條件，人們工作起來就能像玩樂般輕鬆，而提供這些條件是我的使命」（道格拉斯．麥葛瑞格的Y理論）。

所謂「像玩樂般輕鬆」，比如說喜愛旅遊的人面對旅遊之事，就會高興地轉動PDCA管理循環。透過旅遊網站自己收集資訊、擬定計劃（Plan），在旅遊地點帶領夥伴、積極行動（Do）。結束後，回顧這趟旅遊是否符合期待（Check），藉由反省思考下次的旅遊計劃（Action）等，努力提升品質。人們面對感興趣或喜愛的事物，就會高興地發揮轉動ＰＤＣＡ的力量。

人們若無法將原本擁有的力量發揮在職場上，必須確認原因並設法解決。事實上，人們無法轉動ＰＤＣＡ最大的原因在於「目的與目標」（Objectives）對當事者來說不具魅力，或者，當事者不覺得此事意義重大。

即使E店長向店員說明團隊勝利（實現願景、達成目標）的重要性，對店員來說，那件事或許僅止於「聽聽就好」的程度。身爲店長，必須透過讓店員覺得「必須這麼做才行」的理性訴求，與讓店員覺得「我一定要嘗試看看」的感性訴求來鼓勵店員，而非讓店員覺得「聽聽就好」。此時，店長與店員才能處於「擁有共同目標」的狀態。（圖3-2）

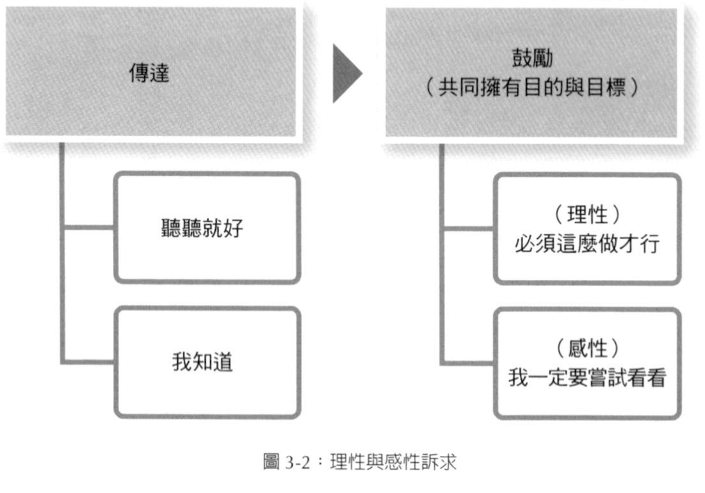

圖 3-2：理性與感性訴求

奧運選手之所以能夠承受嚴酷的練習與壓力，也是因爲他們擁有「有這麼多人期待我的表現，我一定要努力」的使命感，以及「無論如何，我都想在奧運取得獎牌」的強烈想法。由於奧運選手和教練共同擁有這些使命感或強烈想法，才會將嚴酷的指導視爲「協助自己成長的元素」。

那麼，店長要依照哪些順序，又應該怎麼做，才能與店員共同擁有目的與目標呢？

共同擁有目標的四道程序

要共同擁有目的與目標，必須依照下列四道程序，透過理性訴求與感性訴求來鼓勵店員（☝代表店員的心理）。

〈程序一〉仔細咀嚼目標的意義並確實傳達。

☝「原來是因爲情況如此，達成目標才會如此重要。」

〈程序二〉說明達成目標的好處、不達成目標的壞處。

☝「達成目標對我來說有這些好處。」

☝「現在的情況不能敷衍了事。」

〈程序三〉抱持熱情表達店長對達成目標的想法。

☝「如果店長這麼需要我的幫助……」

☝「既然店長都這麼說了……」

〈程序四〉與店員個別面談，擬定具體的行動計劃。

☝「店長仔細聆聽了我的想法，又把我的意見納入目標與計劃之中。這下子，我一定得這麼做，而且我也想這麼做。」

◎個別面談過程

①坦率詢問哪些部分有所共鳴、哪些部分覺得不妥。
②不要否定對方的意見，透過問題繼續挖掘，了解對方爲什麼那樣想。
③歸納並確認意見相同與相左的部分。
④針對意見相左的部分，一同思考應該怎麼做才能克服。
⑤確定「能夠同心協力的」最終方向。
⑥爲達成目標，確定當事者的行動計劃，並獲得承諾。最後，用「一起加油吧！」做爲結語。

●案例研究——由於與店員擁有共同目標而邁向成功的F店長

F店長負責的門市以年輕人為目標族群販售休閒服飾與雜貨，店員大多是工讀生或兼職員工。以往門市會為了消化所有商品，頻繁地舉辦限時特價或優惠活動。然而，公司最近決定了「增加非特價商品以提升利潤」此一全新策略。

F店長設想了在門市推動時會出現哪些情況。

- 如果只是陳列在門市，顧客難免還是會選擇標示「○折」的商品。
- 顧客會頻頻詢問：「為什麼這項商品不打折呢？」而店員必須一一回應。
- 店員以往習慣只幫顧客結帳，不覺得一定要做好說明或銷售的工作。
- 店員的工作以陳列商品等為主，若是一一接待顧客很花時間，而且店員無法適當回應顧客的問題，搞不好還會引發客訴……這些不安會造成店員反彈、士氣低落。

讓F店長更擔心的是，公司甚至為非特價商品設定業績目標，並決定進行門市競賽。由於F店長的門市獲利率原本就比較低，主管表示：「若是這次不能起死回生，前景堪慮哦。」因此F店長決定擬定策略，與店員擁有共同目標，讓店員率先積極銷售。

F店長的策略如下。

①利用朝會、早操的時間，以簡單易懂的方式，告訴所有店員「為什麼有些商品要以定價銷售」，說明這麼做的好處與壞處，並讓店員了解身為店長，「希望我們門市可以獲得競賽第三名」。（參考表3-3，第90頁）

②營造讓店員積極達成目標的環境。

- 讓店員參加商品研習會、練習接待顧客。
- 角色分擔（決定各時段負責領導銷售的人選。決定如何使商品陳列更具效率）。
- 將各時段銷售數量製作成圖表，達成目標時大家一同掌聲鼓勵。
- 進行小組競賽，優勝者可獲得商品。
- 將其他門市的情況製作成圖表，與自己比較。
- 在會議上分享成功的業務話術……等

進度不如預期的店員，進行如表3-4（第91頁）的個別面談。

事實上，透過對話，F店長發現了以往自己沒有看見的事物，包括店員的煩惱與課題、店員所處的情況等，也才確定了店長必須提供哪些協助。

店員的煩惱五花八門，包括「處理一般業務的效率偏低，沒有時間推銷」、「害怕帶給顧客

表 3-3：讓店員了解自己的想法

四	三	二	一	
熱情	壞處	好處	意義	步驟
• 大家的彈性都很大，只要抱持玩遊戲的心情，擠進前三名也不是白日夢。爲此，我已經擬定了協助體制。 • 身爲店長，希望大家能夠跟我一起挑戰。	• 只是爲了達成目標，需要大家的銷售能力。 • 的確，我擔心大家會因爲覺得麻煩而無法確實執行。 • 當這個策略失敗，其他人就會說：「果然這個門市缺乏銷售能力，只能照表操課。」往後或許也很難避免這種挑戰，這樣一來，我們就會一直窮忙。 • 而且如果獲利率很低，門市有可能會收起來。這樣對不起經常光顧的顧客。	• 策略成功之後，會發生什麼事？銷售三件限時特價商品獲得的利潤，只要銷售一件定價銷售商品就可以獲得。跟以往相比，結帳、陳列商品，只需要花費三分之一的時間。負擔減少許多。 • 之前會舉辦商品知識研習會，這些定價銷售商品都具備良好的材料與設計，相信即使顧客問到：「爲什麼這項商品沒有特價？」大家也能有理地說明。希望大家能夠盡可能銷售，我會提供店長能夠提供的協助。 • 之前沒有人這麼做過，很有趣。 • 公司十分重視這項策略，只要名列前茅，就能獲得獎金。	• 爲什麼公司決定採取這個策略？ 目前門市爲了消化所有商品，頻繁地舉辦限時特價或優惠活動。結果，導致獲利率越來越低。之後爲了以公司願景「○○」爲目標，我們一定要提升○%的獲利率。因此，爲了改變這個情況，所以公司決定增加非特價商品，這是第一次的嘗試！	內容

表 3-4：與店員個別面談

	個別面談的步驟	內容
一	製造機會	• 上午辛苦了。因爲你把倉庫整理得很好，所以我們可以很輕鬆地把貨搬出來。謝謝。
二	確認面談目的	• 今天讓我們來確認非特價商品的銷售進度。希望大家暢所欲言，不要有所顧忌。
三	聆聽意見	• 是否可以理解定價銷售的意義？ • 是否想要達成目標？ • 如果不想，原因爲何？
四	深入挖掘	• 爲什麼會那麼想？有遇到什麼困難嗎？還是…… • 原來如此，還有其他原因嗎？
五	歸納並確認意見相左之處	• 這樣說起來，我可以了解○○。是不是因爲○○不夠，所以你心裡覺得排斥？
六	一同思考解決策略	• 相反的，只要有○○，你應該就能積極配合吧。那麼，我們應該怎麼做呢？你有沒有什麼好點子？ • 眞好！還有嗎？
七	確定往後的方向	• 我再歸納一下，所以我們要透過這些步驟，針對○○來解決。是吧？ • 針對○○，是不是必須花費更多時間來處理？
八	擬定行動計劃	• 具體來說，你希望在何時之前，完成哪些目標？ • 需要哪些必要的協助？ • 那麼，讓我們建立定期確認的體制，一旦遇到問題，就立刻來找我商量吧。 • 這樣你覺得會不會成功？
九	總結	• 因爲不是孤軍奮戰，是大家同心協力，所以我們一定要團結一致，讓門市擠進前三名！ • 我對你寄予厚望！

強迫推銷的感覺」、「不善應付某個類型的顧客」、「覺得自己比其他店員差」、「打從心底覺得自己做不到」、「和夥伴溝通不良，沒有商量的對象」……F店長為以往自己覺得「店員這麼多，我不可能注意到每個細節」而深切反省。

此外，當F店長發現店員有許多出乎自己意料之外的有趣點子與提案，並積極採用，店員也開始抱著積極的心情主動參與。

F店長透過這個措施，深切感受到雖然每個店員的個性與能力各有不同，「還是能夠同心協力往同一個方向前進」。儘管負擔比以往來得高，只要掌握大家的心情，帶領大家成功達成目標，就能提升團隊的信賴關係，讓門市經營更加順利。

策略奏效，店員樂於其中時，F店長的門市達成業績目標，獲利率也有所改善。最重要的是店員表示「現在我們很有信心，我們一定也能讓之後的非特價品暢銷」，這點讓F店長更有信心。

關鍵二——建立信賴關係的三個步驟

店員不會只因爲店長的能力而行動，店員總是在店長身邊，觀察店長的一言一行，判斷店長說的話是否値得信賴。

只要店員信賴店長，店員就會認爲「可以試著聽從這個人說的話」。不只是門市經營會變得比較順利，也能眞正讓門市成員團結一致。

本節將思考應該怎麼做才能建立店長與店員之間的信賴關係。事實上，比起店長刻意建立信賴關係，讓信賴關係自然而然形成的效果與效率更好。

筆者整理了當你成爲新任店長，可以透過如下頁圖 3-5 所示的三個步驟，與未來即將一同工作的店員建立信賴關係。

在此先補充說明每個步驟的重點。

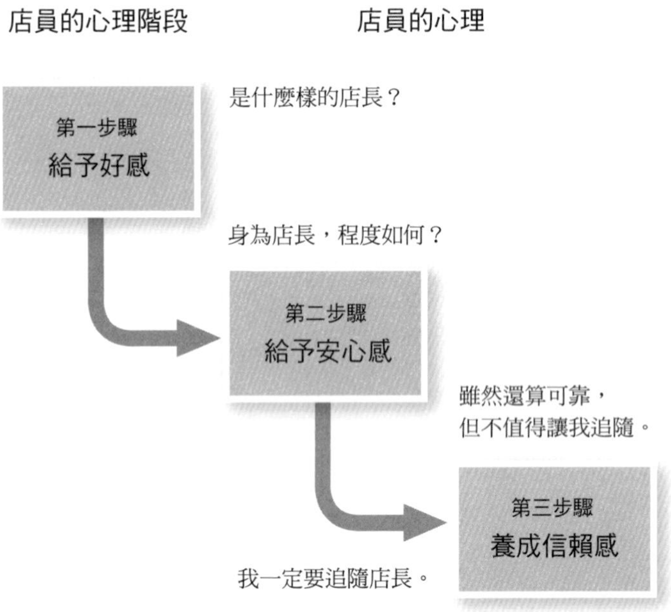

圖 3-5：建立信賴關係的三個步驟

〈第一步驟〉給予好感

對於第一次合作的店員，你會想「不知道店員是什麼樣的人」。相同的，店員也會有即將上任的店長抱持高度好奇「不知道這次的店長什麼樣的主管」。因爲只要身爲部下，工作的方向與方法等都會受到店長很大的影響。

如果店員一開始就覺得「這個店長感覺有點討厭」，防備心就會提高，進而無法坦然接受店長的資訊。換句話說，新任店長一開始必須設法，刻意讓店員產生「這個店長感覺還不錯」的心理。

此時，第一印象舉足輕重。舉例來說，如果帶給店員下列第一印象，包括因爲很忙而冷漠回應打招呼的店員、表情很嚴肅、態度讓人覺得壓迫感很重、總是把「之前的門市……」掛在嘴邊等，店員就會覺得「情況堪慮」。至少一開始要以親切的笑容、讓店員感興趣的問題、充滿朝氣的行爲舉止、積極的言論等，向店員傳達「希望我們合作愉快哦」的訊息，帶給店員良好的第一印象。

此時店員心裡就會覺得「這次的店長感覺很活潑，應該是個好人」、「感覺很容易親近」等。

首先，起點十分重要。店長必須了解自己的一舉手、一投足都會深切影響自己帶給店員的第一印象，所以從一開始跟大家打招呼就要特別留意。

◎可以給予好感的重點

- 開朗的笑容、充滿朝氣的態度，加上主動攀談。
- 掌握門市的優點並給予讚賞。
- 觀察店員的行動並針對長處給予讚賞。

〈第二步驟〉給予安心感

第一印象OK之後，店員會對店長產生「感覺不錯，感覺和藹可親、平易近人」的心理。然而，要讓店員信賴店長有兩個重點。

（1）是非分明

首先，試著是非分明如何？

在店長的想法與做法尚未普及之前，店員會因爲覺得「比起新店長的做法，以前的做法比較輕鬆」而忍不住以自己習慣的做法來工作，而店員之所以會這麼覺得，有一部分是因爲覺得「這次的店長感覺很溫和，應該會睜一隻眼閉一隻眼吧？」

如果你因爲「指出這些缺失，人際關係可能會變差」、「還是睜一隻眼閉一隻眼才不會掀起風波吧」「如果店員因此對我的印象變差就糟糕了」而對這些情況「視而不見」，店員反而會因爲「什麼嘛，既然店長不介意，那以後就這樣做吧」、「如果這件事可以這麼做，那其他事也可以吧」、「這個店長眞是在意店員的眼光」而輕視店長。若是置之不理，管理就會變得越來越困難，店員甚至會覺得不安「跟隨這個店長好嗎……」。

重點是，是非分明。**是非分明是指「讓店員明確了解什麼事情可以做、什麼事情不可以做，而且標準一致」**。這樣就能給予店員公平感與安心感，讓店員了解「這樣做能夠獲得讚賞」、「這樣做會被責備」。店長自己也要謹守標準。

（2）言行一致

第二個重點是，言行一致。

當店員覺得「店長感覺很溫和」就有可能會鬆懈，店長也會因爲覺得「應該可以跟大家相處融洽」而鬆懈。然而這樣一來，門市就會無法確實轉動ＰＤＣＡ管理循環。比如說看起來很仔細卻忘記遵守自己訂的規定、把情緒寫在臉上、疏於處理報告、聯絡與商量等例行業務、不想面對客訴等，都會讓店員失望：「店長表面看起來人很好，可是不太可靠。」

此外，當店長指出店員的缺失，店員就會產生不滿：「店長自己都沒做到了……」

當然，沒有完美的店長。然而，至少要讓店員感受到店長爲謹守本分而努力的誠意。展現「不貳過」的態度，對產生信賴感來說十分重要。

◎可以給予安心感的重點

- 爲了達成共同目標，讓店員善盡本分。
- 是非分明，確實「讚賞」與「責備」。
- 做爲模範而身先士卒。
- 爲了分享資訊，重視報告、聯絡與商量。
- 展現尊重每個人的態度。

〈第三步驟〉養成信賴感

當店長讓店員覺得安心與肯定：「店長很可靠，應該值得我們追隨」，之後店長的方針就比較容易推廣，門市經營的效率也會提升。這樣一來，就能創造穩定而秩序良好的門市。然而，爲了讓店員更加自動自發，店長與店員之間必須養成信賴感。也就是說，重點是店員覺得「因爲在這個店長底下工作，所以我希望能夠努力，對門市更加有貢獻、讓店長更加肯定我！」應該怎麼做，才能營造這種氣氛呢？

據說「人類是理性三分、感性七分的動物」。**若是不僅在理性層面獲得高度肯定，感性層面也能有所共鳴，門市就能更加團結一致，讓店長與店員樂於工作。**

要影響店員的感性層面，主要有兩個方向。

首先，是**面對危機的態度**。就門市來說，在必須解決重大問題的關鍵時刻，人們會露出眞實的本性。當店員展現不會逃避的態度，或是拼命保護店員的態度，就能讓店員明白「店長就算面對危機也不會背叛我們，會一直保護我們」，進而信賴店長。此時，店員也會覺得「既然店長如此，我們也要加油」。店長與店員之間的信賴關係，大多都是透過共同面對危機的經驗而變得更加深厚。

再者，**是個人魅力**。爲了讓店員覺得「店長不僅很可靠，也是能夠讓其他人敞開心胸、吐露心聲的人。我很喜歡店長的爲人」，除了做爲可靠的領導者，還要刻意暴露自己的弱點，比如說讓店員知道店長和自己擁有相同的煩惱、有時候會有些粗心等。這樣一來，店員不僅會因爲看見店長讓人意外的落差，進而提升共鳴「原來店長跟我們一樣」，還會產生「一定要幫助店長」的心情。此外，由於店長願意暴露自己的弱點，店員也會願意坦率說出自己的煩惱吧。

超越上下關係「因爲店長充滿個人魅力，所以我想要追隨店長」的心情會成爲店員的能量來源。佐佐木則夫教練率領強項爲團結的「日本女子足球代表隊」，以擬定大方向的策略、讓選手確實做好準備、比賽時全面信任選手等方法，培育了強大的隊伍。相反的，他也擁有用雙關語緩和現場氣氛、被選手用綽號稱呼等具人情味的一面，相信這也讓隊員覺得充滿魅力。這點從選手在獲得女子世界盃足球賽冠軍時表示：「希望可以讓教練感到驕傲」就能明白。

◎**可以養成信賴感的重點**

・危機發生時絕不逃避。以毅然決然的態度處理問題。保護部下。
・刻意暴露自己的弱點。
・讓店員願意找自己商量。

請試著回想你以往信賴與不信賴的主管，並思考「爲什麼？」確認是否有符合的部分。當然，不能因爲自己現在還不夠完美而感到悲觀，只要腳踏實地努力，增加店員對自己的信賴感即可。

更重要的是，當自己和店員處不來，不能一味把責任推到店員身上，必須回顧自己在建立信賴關係的過程中是否有問題。確認每個步驟的「理想」與「現實」是否有落差，如果有，就要回溯至該步驟，思考「應該怎麼做」並努力彌補。

人際關係沒有所謂的百分之百，上述也都是機率論。然而，只要留意三個步驟，就有可能提升建立信賴關係的機率。

關鍵三 促進店員成長

為什麼要促進店員成長？

爲了提升店員的動力，必須創造讓店員深切感受到「我想要達成這個目標（目標的魅力）」與「感覺我做得到（對於成功的期待）」的狀況。

動力＝目標的魅力（想要做）×對於成功的期待（感覺做得到）

也就是說，即使店員有想要挑戰的業績目標，如果不具備相當程度的能力，就會因爲覺得「我做不到」而導致動力驟失。因此，店長除了與店員擁有共同的目的與目標，也要創造促進店員成長的環境。

其中，或許有些店長覺得「我們門市的店員都很資深，不需要提升能力」，然而在市場環境變化如此劇烈、和競爭對手如此難以區別的情況下，不能永遠只靠過去具備的能力。店員必須隨時吸收知識與能力，才能創造門市的魅力。

說到店員必須具備的條件，最重要的是「個人管理能力」與「接待與銷售技巧」兩者。前者「個人管理能力」是讓店員爲達成目標而轉動ＰＤＣＡ的能力，原本應該要讓店員自行努力學習，但這麼做有一定的極限。後者「接待與銷售技巧」與業績、門市形象密切相關，店長必須依照店員的程度，給予必要的協助，讓店員成長。

在此，提供兩項有效促進店員成長的重點。

自我管理的成長

自我管理能力包括「工作管理能力（轉動ＰＤＣＡ管理循環的能力）」與「健康（心理、生理）管理能力」。比如說，店員爲執行業務必須自行管理許多項目，包括交期、成本、資訊、顧客與商品等。此外，既然是服務業，生理、心理都要維持健康的狀態。

若店長不一一指示，店員就置之不理或無法處理妥當，會發生許多問題。

（1）讓店員了解PDCA的重要性

身為店長，必須確實讓店員了解PDCA的重點性與轉動方法，讓店員能夠自行處理妥當。只是，PDCA管理循環每個階段都有各式各樣的陷阱，有可能會形成店員的行為模式，導致效率變差。若是店員無法順利執行業務，店長與其責備店員，指導店員確實轉動PDCA將更為有效。

接待亦然。只是確認「賣得好」、「賣不好」的店員，與確實分析「為什麼賣得好」、「為什麼賣不好」的店員，在思考下一步的時候，深度會不一樣。每個顧客都是累積經驗的元素，只要一年的時間，就能形成巨大的差異，進而左右成績。

（2）依照店員的程度改變指導風格

在促進店員自立的時候，針對店員現在對於工作的動力與具備的能力，改變工作的交辦方法可能更為有效。

在此，依照店員的動力與能力，分三個階段思考如何提供協助。

⊙有動力卻缺乏能力的階段

處於這個階段的店員雖然有動力，卻因爲缺乏能力而無法順利執行業務，甚至頻頻出錯。如果此時店長無法掌握店員的程度，比如說因爲覺得「你已經不是社會新鮮人了，這些事應該難不倒你吧」、「如果爲程度這麼低的錯誤指出店員的缺失，可能會傷了對方的自尊心」而不針對細節進行指導，而店員也因爲「事到如今，我不敢再問了」、「我不敢說我做不到」而導致頻頻出錯，店員就會失去信心，甚至讓雙方對彼此失去信賴。爲了避免發生這種情況，店長必須以讓店員具備門市基礎爲前提，向店員說明「爲什麼需要採取哪些行動」，之後加以確認並回饋。經驗累積之後，「只要這樣做就不會出錯，可以確實執行業務」的觀念就會深植店員腦海。此外，要讓店員了解「詢問與商量並不是一件需要可恥的事，反而是具有責任感的表現」。

⊙動力、能力都還可以的階段

隨著店員具備一定程度的能力，店長就可以慢慢減少指示，讓店員自己思考。只是店員尚且無法獨力執行所有業務，因此店長必須隨時創造「隨時都可以向店長商量」的氛圍，讓店員勇於發出求救訊號。

此外，店員有可能會因爲能力提升、熟悉業務，導致覺得工作一成不變而失去動力。此時，店長可以給予「如何提升效率」、「挑戰更加困難的工作」等課題，讓店員自行轉動ＰＤＣＡ管理循環。或許店員一開始會失敗，只要一邊提供必要的協助一邊進行指導使其改善即可。

⊙能力、動力都很高的階段

當店員因經驗累積而具備因應能力之後，店長就要適時將部分權限交給店員，讓店員以領導者的身分帶動其他店員，並讓店員轉動ＰＤＣＡ。此外，當店員開口求救，也不要輕易給予答案，要讓店員自己思考，進而強化自立心。過程中，讓店員了解自己的強項與弱點，思考應該怎麼做才能讓自己成功。不過要讓店員知道，萬一發生什麼事，店長會確實承擔責任。

因爲判斷店員處於何種階段的人是店長，只要事先確定標準，「只要店員能夠獨力將什麼業務執行到什麼程度，就可以把這項業務交給對方」，就可以透過實踐加以驗證。爲此，意識培育店員的階段，關心店員的工作情況十分重要。

（3）加強心理層面的自我管理能力

一如大家說接待顧客、銷售商品的工作是「費心的勞動」，從事這些工作，除了體力與知識，心理也具備莫大的影響力。舉例來說，與不特定多數的顧客接觸、面對數字的壓力、客訴等，都會影響情緒。深陷於負面情緒中，非常有可能影響其他的接待與銷售工作，甚至影響成果。因此心理層面的管理極為重要。或許累積越多經驗，就能對情況做出一定程度的預測，也會因為因應能力提升而不會受到影響。然而，還沒有到達那種程度的人，心理層面很容易受到影響。

- 「即使招呼顧客，顧客也不予理會，無法銷售商品」→「我是不是不適合這份工作」。
- 「打電話邀請顧客參加活動，顧客聽起來心情很差」→「這份工作一定要造成顧客的困擾與厭煩嗎？」
- 「我被客訴的顧客罵到狗血淋頭」→「又不是我的錯，眞是不可理喻」。

儘管契機乍看之下只是小事，但有許多店員不知道該如何整理心情，一直被負面的想法牽著鼻子走。若店員不知道如何轉換情緒而失去信心，就結果來說，等於公司損失了重要的人才。因此店長除了「行動層面」，也要指導店員如何在「心理層面」給予自己動力，包括轉換情緒的方法、維持樂觀的方法等。這點非常重要。

表 3-6：PDCA 管理循環與指導重點

	PDCA 無法確實轉動的主要原因	指導重點
Objectives（目的或目標）	•「爲何而做」目的糊模不清，或是感覺不具意義。	• 與店員分享爲何要以什麼爲目標，並說明對於店員的好處。
Plan（計劃）	• 計劃與目的原本就有所出入，再怎麼執行都無法達成目的。 • 因爲貪心，擬定了過於逞強的計劃（忽視危機、忽視狀況變化）。 • 計劃過於鬆散（沒有 5W3H，確認方法模糊不清）。	• 以與 Objectives（目的）相互影響爲前提，掌握目前可以活用的資源、危機與狀況變化，擬定計劃。 • 擬定透過 5W3H 能夠實現的計劃。 • 事先決定如何確認。 • 當一開始的計劃行不通時，思考替代方案。
Do（執行）	• 角色分擔模糊不清。判斷工作成果的標準模糊不清。 • 沒有一邊思考目的一邊行動。	• 讓店員理解自身角色的意義。 • 讓店員管理交期，提升生產性。
Check（確認）	• 忽視過程，只看結果。 • 忽視眞實數據。 • 確認（Check）時間點過晚。	• 讓店員確認過程對目標有何結果。 • 讓店員藉由事實進行確認。 • 事先決定確認的時間點。
Action（修正方向）	• 沒有深入挖掘原因（總是用「不要介意」來安慰彼此）。 • 治標不治本。	• 讓店員針對目的與計劃的落差，深入挖掘原因，找出「爲什麼？爲什麼？」 • 思考防止再次發生的因應方法，納入下次的計劃裡。

接待與銷售技巧的成長

(1) 提升店員的工作觀

現在這個時代，銷售商品除了禮節、商品知識，還要具備對話能力、細心與客訴處理能力等。爲了具備上述多元能力，店長需要協助店員獲得各式各樣的資訊。只是在給予協助時，如果不同時提升店員的工作觀，將意外地無效。

工作觀可以說是每個人對於「銷售店員是做什麼的人？應該要怎麼做？」的想法。店長往往會認爲這種事「在新人時代被反覆教導，每個店員應該都要知道」，然而有些店員認爲「我的工作是讓顧客了解商品的優點，把商品賣給顧客」、有些店員則認爲「我的工作是向顧客展示、介紹符合顧客喜好的商品，而且要避免強迫推銷」。除此之外，也有些店員覺得「我只要向顧客說明公司提供的資訊即可」。

結果，每個店員以爲的「工作」都不一樣，即使都是「接待」，也有可能出現從頭到尾都在說明商品、被動或一成不變等狀態。在這樣的前提下，即使學習了因應客訴的方法，店員也有可能打從心底覺得「遇到客訴眞倒楣」、「又多了一件事要處理」，而心不甘情不願地面對。

工作觀，是店員透過經驗累積、觀察前輩，用自己的方式培養的觀念。工作觀會從基礎深刻影響當事人的行爲模式，因此店長必須指導店員培養正確的工作觀。

事實上，能夠明確掌握店員工作觀的人，是顧客。比起店員說明商品的技巧，顧客對店員面對自己的態度更爲敏感。既然要購買，顧客會希望向對工作具備責任感、專業與自信的店員購買。此外，當顧客覺得「這個店員不是在強迫推銷，是眞的站在我的角色，爲我介紹商品」，就會樂於回應。

有個業務員十分專業，擁有許多固定顧客且業績長紅，而在此要介紹，他還是新人時的故事。當他賣出連資深業務員都很難銷售的高價商品，自己也覺得很不可思議，便坦率地詢問顧客——一對有品味而上了年紀的夫婦——「爲什麼會跟我購買呢？」結果，顧客表示：

「看得出來你的資歷不深，但是你願意努力幫我們調查自己不清楚的事，而且當我們看過、摸過商品，可以感受到你眞的對這項商品既有愛心又有信心。你專心接待我們的態度，讓我們付錢付得很愉快。不過這次購買有一部分是爲了要鼓勵你，希望我們下次來的時候，你又成長了許多。」

他說自此之後：「我每天都會想『說不定那對夫婦今天會來』，所以我總是會站在門市裡。

爲了讓那對夫婦覺得『當初跟你購買眞是太好了』，我全心全意地努力。」

由於現在「顧客能夠立刻看出店員對於工作的態度」，因此店長必須定期檢討。包括自己培育了具備何種工作觀的店員，以及需要提供哪些協助。

(2) 培育專業人士

要站上舞台，就必須是那個舞台的專業人士。這樣一想，就會發現店長必須再次確認「自己心目中的專業人士爲何？」並盡力讓所有店員了解。

既然是專業人士，就不能讓步。正因爲努力超越顧客的期待是理所當然，大家才會如此自豪地面對工作。

每間公司、門市要求的專業不同。接近自我管理的門市會以專業人士的標準要求店員，包括「迅速補貨避免架上出現空缺」、「開朗地向顧客打招呼，營造能夠享受的氣氛」、「在顧客詢問時提供正確資訊」。此外，「親善大使」此一概念目前在精品品牌十分普遍。除了接待、銷售，身爲公司與品牌的門面，公司更期待親善大使能夠「確實傳達品牌價值」。

你培育的專業人士，是什麼樣的人才？讓我們更加明確地掌握這一點。在此同時，爲了要求店員隨著時代提升能力，店長自己也不能安於現狀，必須自我改革、自我學習。

關鍵四——覺得不足時更要凝視長處

「凝視長處」與「凝視短處」

據說人際關係是「鏡子法則」。也就是說當我們看見對方的優點，只要確實告訴對方：「這個部分很好，因爲……」對方也會比較容易看見我們的優點；相反的，如果我們老是看見對方的缺點，對對方敬而遠之，對方自然而然也會對我們敬而遠之。換成門市，只要店長確實觀察店員的長處（行動等），平常即不吝給予讚賞，不僅能增加店員的自信，店員還會以善意面對店長。筆者稱此爲「凝視長處」。

然而現實沒有這麼簡單，主要原因有二。

首先，你和店員不是單純的朋友，而是主管與部下。因此，不能只重視、讚賞店員的優點，還要以主管的身分改善部下的缺點，承擔培育人才的責任。這種責任感會讓店長忍不住只重視店員的短處，「明明我希望你迅速成長，你成長的速度卻完全比不上同期的〇〇。一定要設法改善才行……」

再者，人們在觀察其他人時，會無意識地以自己的長處當做判斷標準。舉例來說，十分熟悉商品知識的店長，會很關心店員是否能確實掌握商品知識。若是發現店員沒有確實掌握，就會忍不住在意店員較自己不足之處，「我還是店員的時候都很努力學習，爲什麼現在的店員……」。接下來，人們就會忍不住只在意不足之處，「對了，店員也沒有培養做筆記的習慣」。筆者稱此爲「凝視短處」。

盡可能活用店員的長處

當店長認爲店員不足時，店員也會有所感覺。大多店員會企圖加以改善，但並不一定能夠立即見效。人不可能十全十美，每個人都有難以突破的問題。當然，如果影響到工作，店長必須監督店員進行改善。只是就克服弱點來說，重點是當事人要有一定的自覺，並且要相當努力才行。

爲了激發並維持店員的動力，店長必須確實掌握店員的強項。此外，透過「改善自己的弱點，也是爲了以最大限度活用自己的強項！如果是你，一定做得到！」更能提升效果。

相反的，如果沒有掌握店員的強項，而以自己的標準持續否定對方「這種小事，怎麼會無法立即改善呢？」、「因爲你不認眞，才會無法改善」，導致店員覺得「自己很沒用」，甚至因此失去自己的強項。

「每個人都不一樣」、「一種米養百種人」的觀念在未來的時代會變得越來越重要。爲了以最大限度激發每個店員擁有的強項，集結門市的力量，店長必須採取以下行動。

- 觀察店員實際的舉止，寫出店員執行業務時値得肯定的強項。
- 根據事實寫出店員未能符合期待的部分。
- 過濾未能符合期待的原因（是業務流程、能力還是觀念出了問題）。
- 思考賦予店員什麼樣的角色、課題與工作方法，能夠協助改善。
- 和店員討論，讓店員了解自己的強項與弱點，讓店員思考爲了活用強項，應該如何改善弱點。
- 討論，決定課題。
- 有了成果之後，讚賞店員「果然你只要有心，就一定做得到」。

寫出來，除了能夠客觀看待眼前的情況，也能讓第三者提出自己沒有留意到的強項與弱點。此外，在回饋店員時也能有所憑據。這樣一來，可以讓店員覺得安心：「店長不但會仔細觀察我，還會考慮我的未來。」

身邊有人相信自己的可能性，而且又是自己的主管，這對店員來說，是非常大的機會。換做是你，在那樣的主管底下工作，你應該也會想要努力。要讓店員願意努力，不能只是利用技巧，而是要以店長的身分面對店員，相信店員的可能性。要記得，正因爲有各式各樣的店員，我們的領導能力才能更上一層樓。

Chapter 4

提升第一線發聲力

如何尋求組織的協助

本章將以店長的煩惱「第一線的意見不被接納」為主，思考店長應該發揮什麼樣的管理能力與領導能力，才能有效扮演公司與店員之間的橋梁。

CASE 4

第一線的意見不被接納！

店長G的主管——地區經理——由於同時管理數間門市，總是非常忙碌。雖然平時可以透過店長會議或電子郵件獲得公司提供的資訊，但G店長認為自己需要與主管保持更加密切的聯繫。

然而，即使G店長為了門市的問題寄發電子郵件跟主管商量，主管不是很晚回信，就是感覺意見不具建設性。此外，為了使門市達成業績目標，G店長針對採購與進貨提出了一些要求。然而，主管也沒有給予正面回應，總是用「就現在的情況來看很困難」、「在要求公司『幫我們做這個、幫我們做那個』之前，先盡人事，拿出成績來」等說詞來敷衍。

另一方面，店員也很強勢：「請拿出店長的魄力來要求公司。」導致G店長陷入夾心三明治的狀態。再這樣置之不理，店員的不滿就會擴大：「結果跟上層反應，還是無法獲得公司的協助，只能靠我們自己努力。要是之後業績不好，又說都是門市的責任。」甚至導致士氣低落。地區經理沒有門市銷售經驗，門市又不了解公司內部發生了什麼事，G店長開始覺得「雙方的代溝是不是永遠無法填平……」

思考一下　如果你是G店長，你會如何獲得主管的協助？

關鍵重點　獲得組織協助的必要條件

一、以高一層的觀點來看自己的門市

二、藉由企劃提案尋求協助

關鍵一——以高一層的觀點來看自己的門市

第一線的意見不被接納的重要原因

「公司聽不見第一線的意見」、「公司與第一線的認知差距甚大，第一線的意見沒有被正確轉達，讓人懷疑雙方簡直是在使用完全不同的語言」……這些都是經常在職場聽見的抱怨（此處所提之公司，是指在總公司或辦公室工作的人）。明明大家應該要爲共同的目標一起努力，爲什麼會發生這種情況呢？

當店長感覺到公司與第一線之間出現代溝，第一線的意見不被公司接納，大多是因爲溝通出現問題，而主要原因有五。

① 第一線只站在第一線的觀點，也就是說，不了解公司的立場與狀況。

② 「意見＝單純的希望」，不到分析與提案的程度。

③ 沒有採取公司偏好的方法。

④ 天眞地以爲「只要這麼說，公司就能明白吧」。

⑤ 公司認爲門市「沒有善盡本分」，因此門市的意見沒有份量。

光是改變說法，並沒有辦法解決這些問題。解決這些問題的前提是，學習由下對上發揮領導能力（追隨能力）的方法。

在前面三章，我們思考了如何以店長的身分，對部下——店員——發揮領導能力。不過，發揮領導能力並不限於由上對下。如果能夠對相關人士，也就是對上下左右巧妙發揮，就能提升團隊相輔相成的效果，進而離願景實現越來越近。

由下對上發揮的領導能力，稱爲「追隨能力」。一如主管帶動部下般，此處是指部下帶動主管。想當然爾，由於部下沒有權限，因此必須以「影響力」來帶動主管。換句話說，就是要讓主管覺得「這個店長的建議很有意義，值得嘗試看看」。爲此，店長必須像對店員一般，採取讓主管覺得「值得信賴」的言行，提供對主管有所幫助的資訊。此外，帶動主管不是爲了一己之利或是爲了提升自己的評價，而是爲了實現門市的願景——這對主管來說，是非常重要的共同目標。

接下來，讓我們思考如何發揮追隨能力，讓主管成爲強而有力的夥伴，進而尋求公司的協助。

隨時跟上經營者的觀點

絕大多數的公司視店長爲「中階主管」。只要是主管，就必須背負公司的期待——**不只是站在一般員工的立場，還能「站在經營者的立場來思考並行動」**。

站在經營者的立場，必須先理解經營者的責任。

經營者除了必須滿足顧客、滿足店員與其他所有單位的員工，還要滿足許多廠商與股東，而滿意度的重要指標就是公司的業績。因此，爲了持續提升公司的業績，經營者必須讓公司內部的每個人知道眼前的要務，並讓各個單位同心協力達成目標。

店長必須在確實理解經營者方針的情況下帶動店員——這是店長的責任。然而要做到這一點相當困難，主要理由有二。

（1）除了是經營者的代表，也是店員的代表

若說店長是不是只要讓店員了解經營者的立場就好，其實不然。正因爲第一線的店員努力工作，才能滿足公司。爲此，店長必須吸收店員的意見，透過更好的方式反應在經營上。

店長是最靠近、最了解店員的主管。店長除了是「經營者的代表」，有時也要以「最了解店員的身分，代表第一線向公司表達意見，否則在門市無法深得人心。「中階主管」必須透過經營觀點確實掌握第一線的狀況，對上下左右發揮影響力，加深彼此之間的了解程度。

（2）翻譯並轉達

如圖 4-1 所示，在門市工作的感覺與常識，與在總公司工作的感覺與常識相差甚遠，即使使用相同的語言，雙方的認知可能還是有所不同。

舉例來說，過於抽象的詞彙在第一線無法獲得共鳴。比如當公司擬定全新的方針是「讓風能夠吹過整個組織」，店員會因爲過於抽象而滿腹疑問：「究竟想表達什麼？」

爲了產生公司期待的效果，店長必須將這句話翻譯成「能夠付諸行動的口號」或是具體的數字，並讓所有店員了解。

像是具體地告訴店員：「爲了讓風能夠吹過整個組織，公司展開全新的提案制度。請大家每個月都要在這張表格裡寫出一項改善提案，並交給我。」店員就能輕鬆理解。

相反的，當公司提出「希望能夠聆聽顧客意見」的要求，即使直接上呈第一線的瑣碎資訊，絕大多數只會被視爲「只是某些門市的個案」。在辦公室工作的人，只願意處理關乎整體的問題。

因此，店長進行報告前必須將瑣碎資訊翻譯成公司整體的程度，「就此個案來說，對公司可

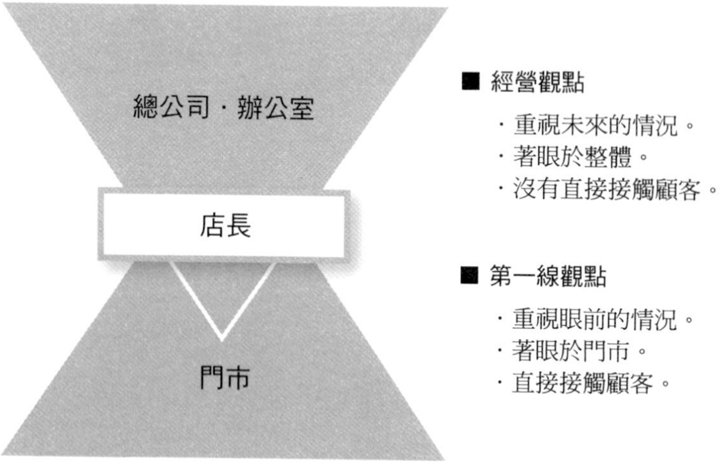
總公司・辦公室
店長
門市
■ 經營觀點
・重視未來的情況。
・著眼於整體。
・沒有直接接觸顧客。
■ 第一線觀點
・重視眼前的情況。
・著眼於門市。
・直接接觸顧客。

圖 4-1：總公司與第一線的差異

能會造成〇〇危機，防患於未然對其他門市也有加分作用」。

由於這件事並不容易，因此店長必須和必須保持密切聯繫的直屬主管建立良好關係，比較容易對組織發揮影響力。也就是說，店長必須提升對於組織的影響力。具體做法如下。

如何讓公司與主管聆聽第一線的意見

(1) 透過三個訣竅提升對於組織的影響力

⊙以必要的數字與邏輯向主管報告

主管最想要知道的是「門市目前所處的情況」與「如何提升業績與利潤」。由於主管必須向更上層的主管報告，思考下一步應該怎麼做，尋求廠商與其他單位的協助。由於時間緊湊，所以主管會希望盡可能獲得重點資訊。

舉例來說，當主管問：「門市現在還好嗎？」店長只是虛應故事：「還可以，蠻順利的」「我沒有辦法立刻回答，之後再告訴您」……這種程度完全稱不上是主管的報告。主管希望獲得的資訊必須包含數字與邏輯，而不是「蠻順利的」這種答案。

- 店長是針對哪些項目，依據哪些數據，才做出「順利」的判斷？→理想與現實的差距。
- 店長是否分析了主要原因？→主要原因。
- 預測未來的趨勢如何？→未來課題。
- 未來要如何維持？→預期危機與因應策略（行動計劃）。

有了上述資訊，主管就能率先解決問題。此外，客觀數據能夠提供資訊的說服力。內容越是簡潔，主管越是能夠尋求更上層的主管或其他單位的協助。想要活用追隨能力帶動主管的時候，必須提供方便主管行動的材料。

店長在向主管報告時，隨時都要思考如果自己是主管，在經理會議上必須做出什麼樣的報告。爲此，店長平常就要留意下列重點。

- 隨時掌握門市的業績數據。
- 事先分析門市的問題與主因、與競爭對手的差異、店員的舉止、顧客的動向等。
- 依照剩餘天數，預測本月業績（下旬舉辦吸引顧客的活動等）。
- 思考必須採取的策略。

・思考備案，以防萬一（要是參加人數因爲下雨而受到影響等）。

對主管來說，各門市業績的確是最重要的問題，然而由於時間有限，主管很難親自掌握實際情況。因此，主管會期待店長擁有與自己相同程度的認知與觀點，能夠客觀地分析門市。身爲部下，必須了解主管的心思，以不讓主管焦躁的情況爲方向，提升自己的能力。這才是眞正的追隨能力。

●案例研究——培育主管的H店長

H店長的門市是地區經理T管理的門市之一。H店長較T年長，經驗豐富，因此對其他店長也具有影響力。以前T曾因資深店長而飽受困擾，起初，T十分擔心H店長也是如此。不過，H店長主動表示會提供協助。

「我想要確實承擔身爲店長的責任，然而如果只有我們門市好、其他門市的業績不佳，T經理一定很傷腦筋吧。T經理對我有哪些期待，請儘管開口。因爲我覺得那也是店長的責任。」

當T表示：「那麼，能不能請您讓其他店長也確實了解公司的方針與意義？如果需要什麼，請告訴我，我會盡力而爲。」H店長便主動提供協助。之後，當T向H店長道謝：「一切都是託您的福，謝謝。」H的回覆是：

「身為夥伴，讓彼此發揮所長並互相幫忙，對雙方、對顧客都有好處。T經理虛心接受我的建議，我經營起門市更輕鬆了。與其獨自努力，即使立場不同，只要工作上有人可以提供意見與協助，就是一件值得感恩的事。」

T經理打從心底覺得「有H店長在眞是太好了」。在此同時，T經理也拼命思考自己能夠提供H店長哪些協助，讓H店長的工作更加順利。之後H店長得知T經理肯定他：「是培育主管的大師。」也坦率地接受了。

⊙提出包含解決策略的計劃

若是門市無法自行解決問題，店長就必須帶動主管——地區經理——尋求組織的協助。然而，光是提出請求「希望公司能觀察顧客動向，適當地分配商品」、「希望公司能夠增加店員人數」或是「希望公司能夠盡早散布資訊」。地區經理每個月都要設法提升各間門市的業績，在疲於奔命的情況下看見這些請求，會無法掌握哪些是重要的、哪些是緊急的，而將這些請求擱置於一旁。

站在店長的立場，可能會懷疑：「這個問題明明會對業績造成莫大的影響，爲什麼經理不重視呢？」尋求協助時，不能只是提出請求，還要提出包括解決策略的計劃。

比如說，當主管看見店長的請求「希望公司能觀察顧客動向，適當地分配商品」，會產生什麼心理？

爲什麼店長會那麼想？門市出現什麼情況？出現的頻率如何？已經造成哪些影響？或是有可能造成哪些影響？

店長認爲出現這種情況的原因爲何？

那麼，店長認爲誰怎麼做，才能夠解決問題？

解決問題的好處是否超越成本？

身爲主管，店長希望經理向誰尋求什麼樣的協助？

店長對於成功抱持多大的期待？

如果提案沒有實現，店長想要怎麼做？是否有備案？

店長希望何時獲得答覆？

相反的，如果缺乏這些資訊，主管會認爲撥空處理這項請求的危機太大。重要的不是請求，而是隱藏在背後的問題與解決策略。店長必須在了解這一點的情況下，向主管提供資訊，這才可以說是讓主管了解門市情況的追隨能力。

在此以表 4-2 介紹符合主管心理的提案書撰寫方式，做爲參考。

表 4-2：提案書撰寫方式

提案主題 關於〇〇一事
提案概況 簡單來說，結論是希望主管怎麼做。
提案背景 必須改善的現況與原因。 ※ 盡可能根據事實、提供數據。
提案內容 簡單歸納希望「誰」、「對誰」、「在何時之前」、「怎麼做」、「這麼做需要花費多少成本」。 ※ 盡可能以具體計劃呈現。
預期成果與好處 以數據呈現對誰而言有哪些好處。
預期危機與負擔 預測會產生哪些危機。
因應危機的點子 思考因應對策。
希望答覆時間

⊙活用主管的強項、輔佐主管的弱點

在你的主管（地區經理）中，可能有些人沒有門市銷售經驗。因此，你可能會覺得主管無法對你或店員，提供具體且細微的指示與指導，或者覺得主管無法了解你或店員的感受。然而如果因此覺得「反正我們無法了解對方」則稍嫌魯莽。

店長除了要徹底用店長的強項，也要徹底輔佐主管的弱點，讓主管覺得你是一個讓人安心、值得信賴的部下。此外，也要讓主管願意爲了部下（店長）不惜一切提供協助。

舉例來說，面對擅長以數據分析並闡述事物的店長，就要爲學習主管的強項而積極提問：「我是這麼分析這個數據的，請問經理覺得如何？」這樣一來，主管也會因爲覺得自己有所幫助而感到滿足。

另一方面，如果你知道主管沒有銷售經驗，無法針對創造固定顧客給予具體建議，就要自行擬定計劃，「我想要先這樣試看看，如果遇到難題，希望經理能夠給我與其他店長集思廣益的機會……」提出方便主管行動的請求，提升成功獲得協助的機率。

此外，如果店長疏於報告主管原本事前就應該要知道的事，主管在開會時就會覺得「只有我搞不清楚狀況」。如果是跟廠商開會，廠商就會懷疑公司內部是否溝通不良，甚至被更上層的主管追究管理責任。就結果來說，可能會變成「店長在扯主管後腿」，這樣一來，主管就會對疏於報告的店長產生不信任感與防備心。

無論主管是否回信，都要主動報告相關事宜、營造讓主管安心工作的環境，才能獲得主管的信賴。

（2）店員隨時都在觀察店長對待主管的方式

或許身爲店長的你認爲自己已經確實向公司傳達門市的意見，但如果你在店員面前老是說：「主管和公司都不願意協助」，並以傲慢的態度對待主管，你不知道這麼做會帶給店員多大的影響。

由於店員很少直接出席會議，也很少接觸總公司或辦公室的成員，往往會依據店長提供的資訊做出判斷。店員會覺得「店長說公司這樣，一定是這樣」，甚至有可能形成根深蒂固的觀念。就結果來說，這麼做會導致公司向心力下降，可以說是背叛了公司。

不滿，是因爲「想要做得更好」、「想要變得更好」的想法無法實現而產生的能量。只要將這種能量化爲追隨能力並發揮出來，就能讓店員覺得安心：「主管很信賴店長」。

某間公司的高層認爲，總公司與門市的成員之所以無法了解彼此的立場，是因爲不清楚對方的工作內容，因此決定設定讓店長體驗總公司工作的時間。

- 讓店長一同採購、進貨，並讓店長提供意見、做出判斷。
- 讓店長在一定時間對於某商品群擁有「倉儲訂購權限」，並以「我們門市在這段時間絕對能夠賣出這些商品」爲前提，決定分配給門市的商品，並讓店長承擔責任。
- 讓店長和人資一同出席店員面試，詢問店長的意見。
- 讓店長了解ＰＲ單位的目標。

利用這種跨單位的措施縮短第一線與總公司的距離。此外，讓店員擔任五天的代理店長，並由店長擔任助理，從旁給予協助，條件是助理必須事事徵詢店長的判斷。

在進行這些嘗試之後，讓店長與店員提出成果報告，了解店長與店員的感受。絕大多數的意見都表示，這麼做能夠讓彼此體會不同專業的深度。

- 爲進貨、分配商品而進行預測必須背負危機，必須掌握大量資訊，包括公司想要傳達的訊息、所有門市的狀況等。而且即使這麼做，還是會產生誤差，感覺壓力很大。
- 我第一次了解其他單位的目標。如果我知道門市的計劃是爲了達成那些目標，我想我可以幫上更多忙。

・雖然我總是希望人資錄取具備常識的店員，但要在短時間內看出應徵者的本質，實在非常困難。

另一方面，擔任代理店長的店員也提供了許多意見，從「我覺得店長很厲害」到「我覺得自己以後必須預測店長的工作並給予協助」，五花八門。當然，不是這麼做就能解決所有問題。只是，既然大家用自己的標準——包括「這樣講就該懂了吧」、「這是常識吧」——看待組織裡的其他工作，是導致組織遇到困難的原因之一，表示只要每個人都努力就能克服。

關鍵二——藉由企劃提案尋求協助

企劃提案的必要性

為實現願景，往後店長必須更加主動地收集門市缺乏的資源。此時，「企劃」非常重要。企劃，是指對於企求的事物擬定計劃。

確定擁有必要資源的人之後，還要讓對方樂於讓門市使用該項資源。爲此，需要提出一定的理由，也就是企劃。只要企劃具有魅力與好處，對方就會積極考慮執行的可能性吧。

透過企劃提案尋求協助，也是店長必須具備的能力。接下來，讓我們以I店長爲例，思考如何透過企劃提案尋求協助。

掌握人心的企劃提案的四道程序

I店長的門市位於百貨公司，最近因商品暢銷而自總公司分配到更多數量的商品。然而，門市倉庫也因此顯得狹窄許多，漸漸造成執行業務的阻礙。儘管店長數次向百貨公司要求「擴大倉庫空間」，卻總是遭到拒絕，理由包括「其他品牌也這麼要求，實在很困難」、「我們已經沒有多餘的空間了」等。

I店長認爲「光是提出要求，不會有任何進展，必須針對百貨公司擬定策略」，就此開始撰寫企劃。

〈步驟一〉確定達成目標的課題，大幅收集資訊

爲了維持業績長紅，門市必須避免缺貨的情況發生，讓顧客能夠當場購買。因此，目前缺乏倉儲空間，是門市的致命傷。

I店長認爲只要解決這個問題就能達成業績目標，但他發現即使他想向百貨公司要求更多空間，手中掌握的資訊卻太少。舉凡「決定空間分配的人是誰？」「透過什麼方法決定？」「需要做哪些準備？」等，他幾乎一無所知，根本無法行動。於是，他請教平時往來密切的百貨公司員工，掌握了下列資訊。

- 負責人沒有權限，權限在更上層的部長手中。
- 部長必須承擔○樓～○樓的業績。
- 最近隔壁的百貨公司裝修後重新開幕，部長爲了提升業績而陷入苦戰。
- 部長希望能夠吸引年輕族群的顧客。
- 兩、三個月後，會有新品牌進駐同一樓層。
- 部長講究理論……等。

〈步驟二〉思考「雙贏劇本」，製作企劃書

I店長認爲要讓對方感受到企劃的好處，必須強調企劃能夠解決對方面對的課題。因此，他以「只要擴大我們的倉庫空間，就能吸引年輕族群的顧客，對部長承擔的業績有所貢獻！」爲概念，開始製作企劃書。如果口說無憑，部長或許會懷疑：「眞的嗎？」因此，I店長準備了相關數據與資料，歸納企劃書的內容。

⊙現況

• 我們門市近三個月來的業績與客層……業績長紅，且年輕族群的顧客有增加的趨勢。

• 往後的預測資料……之後我們也會增加全新商品，而且由於是系列商品，忠實顧客會持續前來購買。此外，我們公司即將積極推出廣告。

• 業績比較……目前同一樓層，就屬我們門市能夠吸引這麼多顧客！

⊙問題

目前的倉庫空間只能因應以往的業績，能夠擺放的商品數量有限。如果因爲商品損壞、需要花費較多時間取出商品，不僅會錯失銷售機會，也會使顧客服務品質下滑。

⊙解決策略

由於即將有新品牌進駐，百貨公司正在重新檢視空間運用狀況，希望能夠藉此機會爲我們門市保留○○的空間。那裡對其他品牌的影響最小，不會影響其他品牌的業績（已經徵詢過相關品牌的意見）。

⊙對於雙方的好處

如果獲得百貨公司同意，公司也會因爲業績提升而推出積極銷售的策略，讓彼此進入好的循環。

企劃提案前，I店長針對部長講究理論這一點，準備了該如何回答可能會被問及的題目。

〈步驟三〉讓對方一面看企劃書一邊提案，聆聽對方的意見

委託負責人向部長約定會面的時間：「我製作了一份能夠對百貨公司更有貢獻的企劃書，希望可以和部長面談。」之後，讓部長一面看企劃書一面充滿熱情地提案。部長從頭到尾都很沉默。最後，I店長表示：「請部長惠賜建議。」這麼做除了可以了解部長的想法，還可以確定應該要面對的課題，計劃下一步的行動。

部長問了一些細節，由於I店長做了充分的準備，因此都能確實回答。I店長在回答問題的同時也說：「這只是拋磚引玉的企劃，如果部長有更好的想法，請一定要告訴我。」因爲部長的經驗與資訊都比較豐富。

〈步驟四〉集思廣益，擬定更好的解決策略

當部長拒絕，I店長便詢問部長企劃書的哪些部分可行、哪些部分不可行，並針對不可行的部分再次思考，日後重新提案。經過數次面談，部長也變得越來越積極。雖然沒有如願達到原本的要求，但總算是爲門市爭取了更多的空間。

透過這次的經驗，I店長深切感受到企劃提案的好處。

① 以往大多會因爲覺得「反正會被拒絕」而宣三告放棄，然而只要盡力思考是否有解決方法，就能看見可能性。

② 即使最後企劃還是沒有通過，只要我拼命以雙贏爲前提思考解決方法，對方就會覺得：「對方認眞爲我們著想，眞是件値得感恩的事。雖然這次很可惜，但希望未來能夠一直合作下去」，進而建立雙方的信賴關係。

像I店長這樣即使知道「或許不可行」還是試著提案、行動，自己也會有所成長。企劃打的是資訊戰。缺乏資訊猶如瞎子摸象，只能留下遺憾；擁有資訊，就能製作讓對方產生共鳴的企劃書。爲此，平常就要創造寬廣的資訊網絡（人脈），相信未來一定能派上用場。

此外，從上述步驟就可以看出協商的重點在於「準備」。就像所謂的「台上一分鐘，台下十年功」，事實上，大家要知道協商之前的階段才是重點。

最後，「協商能力並非與生俱來，必須經過社會歷練才能培養」。

Chapter 5

培育勝利團隊與儲備店長的方法

本章將以店長的煩惱「無法培育儲備店長」為主，思考為了創造勝利團隊，應當如何營造培育人才的組織風氣。同時思考儲備店長扮演的重要角色為何，店長又該怎麼做才能培育儲備店長。

CASE 5

無法培育儲備店長！

J店長新上任的門市有副店長U（儲備店長）。U在門市服務數年，擁有一定程度的固定顧客，對於業務也是駕輕就熟。J店長一邊向儲備店長——U求教，一邊思考將門市打造成「同心協力挑戰目標的勝利團隊」。

然說，每當J店長向U表示：「U副店長比我了解這間門市，要將門市打造成勝利團隊，我想U副店長一定能夠提供寶貴意見。請不要客氣，儘管開口。」U總是說：「決定權在店長手上，我遵循店長的指示。」前一陣子，J店長休假請U副店長擔任代理店長，沒想到J休假後上班發現，U的處理方式是「因為我無法決定，所以就擱著，請店長決定」。

當J店長要求U：「你身為副店長，這種事希望你可以自己決定。」U卻反駁：「以前的店長說只要這麼做就可以了。」J店長無話可說。其他店員亦然，雖然他們會做好店長交辦的事，但整體來說十分安靜，很少有自己的意見。

J店長的主管——地區經理在J店長就任前曾說：「一個口令一個動作是門市無法達到業績目標的原因之一，希望J能讓門市變得充滿朝氣，進而達到業績目標。」現在自己孤掌難鳴，不知道該怎麼做才好。

思考一下

如果你是J，為了打造勝利團隊，你會怎麼做？

此外，你會如何培育改革時的重要角色，也就是你的儲備店長？

關鍵重點

打造勝利團隊的必要條件

一、發揮領導能力改變門市風氣

二、培育有才的儲備店長

關鍵一——發揮領導能力改變門市風氣

店長必須具備的變革力

「能夠生存下來的，不是最強壯的，也不是最聰明的，而是能夠適應變化的」，這句話是達爾文主張進化論時說出的名言。公司亦然，要適應市場變化才能生存。因此比起從前，身處現今這個時代，店長必須具備推動必要改革的能力。

在日本穩定成長的時代，過去的經驗具有相當的威力。因此，以前就與顧客擁有強烈羈絆的店長、累積了代代訣竅的店長能夠發揮影響力。

當然，爲了提供讓顧客安心購物的環境，店長必須使基礎穩固。然而，店長不能拘泥於過往的成功，必須彈性地接受未來時代的變化，迅速讓變化成爲全新的價值觀與行動並在門市扎根。

換言之，店長必須巧妙發揮管理能力與領導能力。

門市風氣的威力

雖然進行改革時，帶動每個店員很重要，但在此之前，「門市風氣」會對店員的想法與行動造成莫大的影響。因此店長必須確實先掌握「門市風氣」，進而擬定策略。爲什麼這麼說呢？因爲門市風氣或許可以促進改革，但也有可能是改革的巨大阻礙。

門市風氣是指「門市絕大多數成員共同擁有的價值觀與行爲模式」。比起明文規定的規定與守則，絕大多數店員彼此之間的默契更可以說是門市風氣，「我們門市都是這麼做的，所以理所當然」。理所當然的標準如表 5-1 所示，每間門市各有不同。

除了表 5-1，門市還有許多根深蒂固的標準，支配著整個職場。

之所以用「支配」來描述，是因爲風氣能夠改變一個人。

舉例來說，新店員如果被調到「在門市聊天是理所當然」的門市，由於之前門市的標準是「在門市不能聊天」，因此一開始可能會出現「前輩在門市向新店員攀談，新店員沒有及時回應」的情況，導致前輩在背地裡批評「裝什麼好孩子嘛！」、「沒禮貌！」，影響人際關係。新店員爲了避免自己的行爲和其他人格格不入，決定「我必須改變自己的價值觀，來

表 5-1：門市風氣的差異

項目	高標準案例	低標準案例
業績預算	百分之百死守是理所當然	一般來說，大家都不太在意
時間	五分鐘前行動是理所當然	即使遲到也不會有人介意是理所當然
意見	會議中積極提問或發言是理所當然	會議從頭到尾都很安靜是理所當然
倉庫	依照規定整理乾淨是理所當然	髒亂是理所當然
聊天	在門市不能聊天是理所當然	有空時在門市聊天是理所當然
新措施	嘗試後確認結果，思考怎麼做比較好是理所當然	完全跟不上腳步是理所當然
價值觀	同心協力提供讓顧客高興的服務最重要	不能出風頭，維持表面平靜最重要

適應這間門市的風氣」，因此以「講一下下沒關係」的心情，開始試著在門市聊天。慢慢地，這成爲新店員理所當然的行爲模式，完全沒有矛盾的感覺。

相反的，當不太懂得整理的人看見門市前輩將倉庫整理得非常乾淨，也會努力學習「不能因爲自己散漫而造成大家的困擾」，進而培養全新的行爲模式。進入銀行工作就會「像個銀行員」、成爲公務員就會「像個公務員」，這都是因爲受到風氣影響。

筆者在二十多歲時轉換跑道，進入專門舉辦企業研習的公司工作，隸屬於某個團隊。以往的我強烈認爲「其他人是其他人，我是我」，即使面對目標，我也總是覺得「我只要把自己的部分做好就好」。因此我對幫助其他人、幫助夥伴並不感興趣。

然而，當我有一些小小的成果，主管與夥伴都會主動以「太好了」之類的話語稱讚我。一開始，我總是想「有需要這麼誇張嗎？」很冷漠地回應：「啊，謝謝。」沒想到，當我又多了一些小小的成果，主管不但稱讚我，還對我說：「託你的福，我們團隊更有活力了，其他成員都很高興。」事實上，其他前輩也眞的都很開心地對我說：「不愧是袋井，我要向你看齊。」雖然我有些不好意思，但不會覺得不舒服。

之後我仔細回想，那是前輩們爲了讓新成員融入團隊而「理所當然」採取的行動。漸漸地，我也開始覺得：

「大家這麼關心我、鼓勵我，就算我只是稍微問一下，大家都會非常熱心地回答。明明大家都很忙，卻還是以夥伴爲優先，完全沒有不耐煩的表情。眞是太厲害了。」

最後，我決定「我不能繼續這樣下去，我一定要改變自己的想法」。

我開始盡可能學習前輩們的優點、完成自己可以做到的事、行動時以團隊爲優先考量……這麼一來，我和前輩們的往來變得更加密切，當團隊達成目標時，所有人都覺得歡天喜地。我打從心底覺得「可以進入這間公司工作，眞是太好了。能夠認識這麼好的夥伴，我感激不盡」。

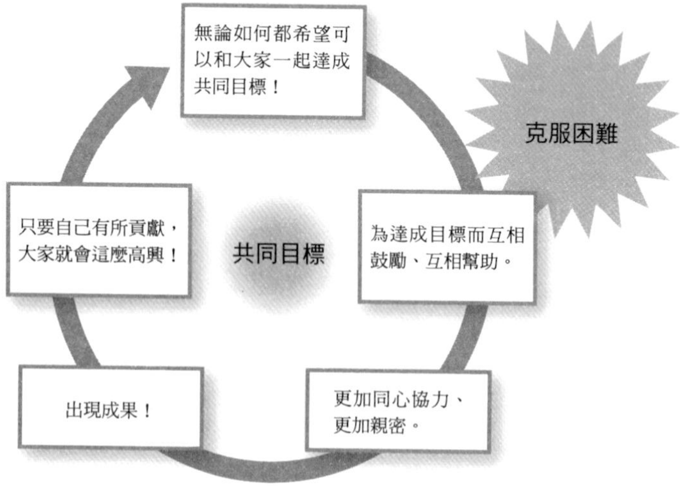

圖 5-2：勝利團隊的循環圖

由於門市、職場等組織的風氣會影響每個成員的想法（價值觀）甚至生活方式，因此，健全的組織風氣能夠使人成長。尤其是在門市，門市風氣會影響顧客滿意度與業績，因此店長必須確認門市是否具備「培育人才的風氣」，如果結果是否定的，就要改革門市的風氣。

何謂勝利的門市風氣

J店長的目標「勝利團隊」所具備的門市風氣，是什麼樣的風氣呢？簡單來說，就是圖 5-2 的循環是理所當然的風氣。

最重要的是「堅持勝利」這一點。就門市來說，當大多店員擁有「無論如何都希望可以和大家一起達成共同目標」的想法，設想實現方法並同心協力地付諸行動——就是這樣的風氣。

大家都會主動跟隨帶領團隊邁向勝利的領導者、率先貢獻的夥伴。相反的，在一旁澆冷水的店員、不願意盡本分的店員，無法獲得任何人的共鳴。這樣的店員不是會因爲覺得不舒服而不再發言，就是會覺得「自己一定要跟上大家的腳步」而慢慢拉高標準。正因爲經過這些過程，達成目標時，大家才會一起高興，進而變得更加同心協力，希望「能夠再次獲得勝利！」

經過歸納，勝利團隊的風氣有下列四項特徵：

① 面對共同目標，大家行動時會抱著「無論如何都要達成目標」的想法。

② 認同店長的言行。

③ 有為了達成共同目標率先示範，為夥伴帶來良好影響的店員。

④ 澆冷水或偷懶的店員會覺得不舒服。

體育競賽的常勝軍也具備這樣的風氣。不只是單純的感好，而是該有話直說的時候有話直說、該同心協力的時候同心協力。這樣一來，人也會有所成長。

創造勝利門市風氣的方法

怎麼做才能創造勝利門市的風氣呢？

舉例來說，如果店長看見業績很好的門市，店員總是以充滿朝氣的聲音向顧客打招呼，因此強制要求自己的店員也要這麼做，那就不是門市的風氣。**重點在於行動背後，店員們根深蒂固的價值觀。**

業績很好的門市店員之所以這麼做，是因爲覺得「這麼做是理所當然」、「不這麼做不舒服（不愉快）」、「不這麼做會覺得怪怪的」，而不是因爲「被要求」、「不依照指示這麼做會被責備」。前者與後者天差地別。簡單來說，能不能改變店員根深蒂固的觀念是非常重要的。

然而，一個人的價值觀不是一兩天就可以改變的，改革需要一定程度的付出與時間，而多少能夠提升效果與效率的五項重點如下：

(1) 確定改革目標與課題

首先，設定終點與課題。等於店長必須先確定「在何時之前，希望能改革成什麼狀態」、「爲此，需要哪些措施」等。站在J店長的立場，筆者認爲應該要確立改革目標，並從自己開始，抱持「無論如何都要成功」的想法。

⦿改革目標

・在持續未達成的情況下，四個月後達成業績目標，和大家一同慶祝！（爲了改革，店長要挑戰三個月！）

・爲了達成業績目標，爲每個店員設定適當的業績目標，創造互相積極提供意見的氛圍。（能夠在會議上踴躍發言的氛圍，有好的想法能夠立即行動的氛圍）。

・與副店長同心協力推動改革。（讓副店長與自己抱持相同的心情並率先行動，進而帶動其他店員）。

接著，確定爲了達成目標，必須將目前哪些價値觀，改革成另外哪些價値觀，從中篩選出重要課題。

⊙目前店員根深蒂固的價値觀

・即使沒有達成個人業績目標也不覺得丟臉。

・提供其他店員意見只是多管閒事。

・決定權在店長手上，責任由店長一人承擔。

⊙重新扎根的價値觀

・沒有達成個人業績目標很丟臉。

・互相提供意見是親切的表現，可以提升效果。

・扮演好自己的角色，靠自己做出判斷、承擔責任是理所當然。

接著思考實施哪些措施能實現改革。

⊙措施課題

・在會議上公布個人進度，掌聲鼓勵已經達成業績目標的店員。

・分享成功案例。

・每個人都要發言提供一個達成業績目標的點子。

・針對點子進行投票，選出之後立即付諸行動。

然而，只靠J店長一個人，除此之外，很難想到其他好點子。

(2)先創造一個想法有所共鳴、願意率先行動的夥伴

此時，可以先創造一個身兼共鳴者與協助者的夥伴，參考對方的想法持續行動。爲什麼這麼做有效呢?因爲比起J店長以主管的身分影響所有店員，許多時候，從以前到現在一起工作的夥伴更具影響力。

基本上，店員會有「即使店長說這麼多，只要其他店員不理會，我也不用理會」的心理。爲了打破僵局，讓店員覺得「那個店員開始率先行動了，這件事一定有它的意義」，讓大家對改革

產生興趣，並了解其重要性——這是最有效的方法。此外，由於店員彼此了解，有可能知道「怎麼做更有效」。

先創造一個夥伴，還可以有效將其他店員的意見納入策略之中。

理想人選是儲備店長。因爲協助店長推動改革，原本就是儲備店長必須扮演的角色。然而，如果店長和儲備店長沒有確實溝通，儲備店長不會有所共鳴。

建議店長抱持「不讓儲備店長認同，就無法獲得其他店員的協助」的想法，認眞與儲備店長溝通，創造互相協助的體制。如果遲遲無法獲得儲備店長的共鳴，可以從其他店員中選擇態度積極而願意協助的人，或是能夠在店員之間發揮良好影響的人。

(3) 無論如何都要讓夥伴了解改革的意義

和儲備店長一同擬定改革策略後，要確實告訴其他店員「爲什麼我們必須同心協助達成這個目標」。相信有許多店員會覺得「要改變至今理所當然的觀念很麻煩」、「不需要做到這種程度吧」，此時，可以讓店員產生「再這樣下去，可能會……」的危機感。

以J店長爲例。

「在所有門市裡，這間門市的業績是倒數前三名。再這樣下去，不僅公司對各位的評價會一直很低，還有可能縮小門市空間、強迫門市搬遷。屆時，不僅商品種類、接待機會變少，工作也會變得無趣。爲了避免這種情況發生，我們一定要同心協力設法達成業績目標。先從擺脫倒數前三名開始，接著我想實施○○策略。」

此外，還要賦予每個店員課題：「大家不能覺得凡事交由店長決定就好，一定要提出想法並試著挑戰看看。這點很重要。讓我們先從會議著手，請大家踴躍發言，每個人至少要想一個點子。」

（4）活用夥伴意識

即使決定這麼做，店員可能還是有所顧忌「要是我在會議上舉手發言，會不會顯得太高調了……」、「先觀察一陣子再行動吧」，形成行動的障礙。

對店員來說，「其他店員如何看待自己的行動」很重要。因此儲備店長要率先行動，讓店員覺得安心「只要那麼做就沒問題」，才能排除障礙。

此外，對於拿出勇氣採取行動的店員，要在大家面前給予讚賞，或是確實回饋。打破既定框架，看起來很簡單，實際行動需要相當大的勇氣，值得好好肯定。

時間一久，就會有越來越多店員認為「是不是可以提出更多想法」而願意採取行動。最後，最慎重而消極的店員也會覺得「我也得提出一個點子才行……」。

（5）按部就班確實執行

如果產生些許變化就因滿足而放鬆，無法穩固改革的基礎。必須確實擬定計劃，一步一步穩扎穩打。此時，如果能以改革為前提擬定計劃，效果更好。

改變門市風氣的步驟

改革組織風氣的必要步驟如表5-3（第157頁）所示，只要意識到這些步驟，就能提升改革的效果與效率。事實上許多案例顯示，只要意識到這些步驟進行組織風氣改革就能奏效。請務必參考。

這些步驟的重點在於「短期成果」。只要觀察店員採取哪些行動是否能確實出現正面效果，就能強化行動。

再小的成果都要掌握，並確實回饋。以J店長的門市爲例。當店員提出感覺有效的點子就要立即付諸行動，如果業績因此而提升，就要給予大家回饋。回饋時可以向大家表示：「這是大家的功勞！」讓大家覺得「我要更努力」。

相反的，如果點子未能奏效，也要以店長的身分確實掌握眞正原因，並加以因應。點子未能奏效的原因很多，舉例來說，像是具有影響力的店員在背地裡批評新的做法，或是會議效率偏低導致意見無法交流等。改善這些原因是店長的責任。無論如何，爲了迅速掌握眞正原因，必須積極聆聽儲備店長的意見，收集更多資訊。

如何面對拒絕改變的店員

當店員坦然面對，改革就會比較順利。資深且自尊心高的店員或許不會站出來抱怨，但是有可能在背地裡透過負面言論，對其他店員造成不好的影響。此時，改革就會變得窒礙難行。若是置之不理，不僅改革會失敗，恐怕之後要實施任何方針都不會成功。

發生這種情況，店長必須與問題店員面談，了解對方「對哪些事感到不滿」、「爲什麼會如

表 5-3：改革組織風氣的步驟

	步驟	重點
一	為改革門市風氣而設想劇本。	除了理想狀態，劇本內容還要包括有可能遭遇的障礙與克服困難的方法。
二	與願意率先行動的店員溝通，並從旁協助。（創造合作團隊）	① 確實傳達改革的必要性，讓店員理解店長對於這個角色的期待。 ② 答應對方會給予必要的協助
三	仔細咀嚼改革的目的與意義，並讓店員了解。	① 需要改革的理由。（必要時可營造危機感）。 ② 改革的好處。 ③ 不改革的壞處。 ④ 改革細節。 ⑤ 抱持熱情傳達店長的想法。
四	獎勵主動採取行動的店員。	① 讓店員了解需要採取的行動，並提供必要協助。 ② 積極讚賞配合行動的店員。 ③ 排除阻礙店員採取行動的原因（修正執行體制等）。
五	重視短期結果，並給予回饋。	① 出現再小的變化都要回饋。 ② 強調「只要有心就做得到」。
六	個別指導強烈反彈的店員。	① 發現強烈反彈並對其他店員造成負面影響的店員，進行個別面談。 ② 由於最後的癥結在於「店員是否願意遵循公司的方針」，如果無法應對，則要向主管商量。
七	擴大改革的可能性。	① 以成功案例為基礎，進行規模更大的改革。（擴大可能性）。
八	持續推動直到改革完成並穩定。	① 切忌太早放鬆。必須持續推動至理所當然的程度。

此不滿」等。一開始不能否定對方，要仔細聆聽對方的聲音。不否定，是因爲這種情況之所以會發生，大多是因爲問題店員希望有人重視、接受自己的意見，才會私下批評、反對。

首先，以「接納對方想法」的態度，讓對方覺得「這個人願意聆聽我的意見」，了解對方爲何不滿，若是發現對方有所誤解，再設法導正。這樣一來，問題店員往往會變成積極的協助者，爲其他店員帶來好的影響。

怎麼做都無法改變對方時，最後只能確認對方「是否願意遵循方針」。若是對方不願意遵循，有時候必須視情況採取強硬的態度。然而，這樣的決定必須愼重以對，請務必向主管報告、商量。

關鍵二——培育有才的儲備店長

儲備店長的訓練與培育是店長的重要工作

副店長U以往認爲「以前的店長說只要這麼做就可以了」、「決定權在店長手上」，事實上，儲備店長的角色會隨著店長對於儲備店長的期待而有所改變。即使儲備店長希望「自己能夠做到這個程度」，一旦店長指出「你不需要做到那個程度」，儲備店長也只能遵循。

相反的，店長對於儲備店長的期待與協助，將會決定儲備店長成長的幅度。也就是說，要是無法培育儲備店長，沒有別的原因，都是店長自己的責任。如果公司的環境讓店長無法培育有才的儲備店長，表示那已經成爲公司的風氣，不可小覷。

客觀來看，店長無法活用的原因主要有三。

①店長尚未正確理解儲備店長在未來的時代扮演著極爲重要的角色，或是店長個人理解卻沒有讓儲備店長確實理解。

②沒有讓儲備店長知道自己的角色需要具備哪些管理能力與領導能力（讓當事者自行摸索）。

③未能理解儲備店長的願景，也缺乏協助儲備店長實現願景的體制。

在以往的組織裡，儲備店長的角色主要是「向下傳達店長的想法，協助店長，必要時傳達向上傳達店員的想法」。長年處於那樣的環境，儲備店長會因爲「擔心掀起風浪」而成爲店長與店員之間的傳話筒，或者協調上下關係的潤滑劑，卻不太願意表示自己的意見。

當然，那的確符合以往時代所需，不過在未來的時代裡，儲備店長扮演的角色有所改變——

儲備店長必須協助店長更加有效地發揮「鞏固基礎的管理能力」與「創造未來的領導能力」，達成顧客、公司與員工三者滿意的狀態。

雖說「協助」，不能只是單純的輔佐，還得以「理想拍檔」爲目標，活用店長的強項、補足店長的弱點。

提到「鞏固基礎的管理能力」，轉動ＰＤＣＡ管理循環雖說是店長的工作，但事實上店長有個人的習慣（強項與弱點）。

如果你能夠擬定縝密的計劃（Plan是強項），面對店員卻很容易偏執，無法帶動店員（Do是弱點），除了努力提升自己的能力，如果與店員距離較近的儲備店長能夠特別留意，仔細咀嚼達成計劃的必要條件，並以簡單易懂的方式告訴其他店員，門市整體的管理效率就會提升。

你要掌握自己在ＰＤＣＡ上的強項與弱點，和儲備店長討論，確認如果儲備店長能夠補足哪些部分，門市的ＰＤＣＡ就能確實轉動，並請儲備店長如此行動。相互補足比獨力進行更能讓門市變得穩定。

接著，關於「創造未來的領導能力」，在實現門市願景的過程中，會發生各式各樣的問題。此時，與其店長獨自解決問題，和儲備店長一同思考解決對策更能提升解決問題的效果與速度。

店長在執行任務時，應該和儲備店長一同歸納「可以做些什麼？不能做些什麼？」確定應該要請儲備店長協助的部分。單純表示「既然你已經是我的儲備店長了，就一邊做一邊想吧」、「如果有需要協助的地方，屆時我會告訴你」……儲備店長將無法掌握自己應該做些什麼，能夠上戰場的速度也會變得比較慢。

有才的儲備店長不會自然而然出現，必須由店長教育、培育而成。因此，店長必須與儲備店長面談，傳達自己的想法。

①表達對實現願景的熱情。

②在實現願景的過程中，你對儲備店長有什麼樣的具體期待。

③明確表達你不希望儲備店長做些什麼、不需要儲備店長做些什麼。

④當事者對於目的有哪些想法（詢問當事者的願景、想法與計劃，協調執行計劃）。

⑤表達爲推動計劃，自己身爲店長可以提供哪些協助（教育、協助與營造環境）。

⑥決定溝通的基本原則（內容、時機與方法等）。

⑦告知貢獻度的評價方式。

由於儲備店長多少都會感到不安，懷疑「我做得到嗎？」店長別忘了在情感面給予關懷，比如說：「我自己也不完美，也是懷抱著不安在工作。然而，我覺得這是非常寶貴的機會，想要全力以赴，希望你能夠和我一起努力。好嗎？」

儲備店長要發揮功能，除了接待與業務技巧，管理與領導方面的知識與能力也是不可或缺。至少，店長必須以自己的所學與經驗，確實教育儲備店長，讓儲備店長掌握最低限度的管理能力與領導能力，了解應該如何執行工作。此外，還要實施ＯＪＴ，累積成功經驗，讓儲備店長擁有自信。

●案例研究——K店長的儲備店長時代

K還是儲備店長時，在新任的V店長底下工作了數年。V店長對於工作的要求非常嚴格，毫不讓步。V店長發現任何細微的缺失，都會一一指出。由於以前的店長比較混和，所以有些店員反彈：「太嚴格了」，而K就陷入了夾心三明治的狀態。

K數次向V店長建言：「能不能用比較寬鬆的標準來看待店員？」但V店長反而責備K：「都是因爲你太天眞了，他們才會這麼天眞。」不知道應該怎麼做才好的K，向了解自己的朋友商量時獲得以下建議：

「這不能說店長完全對，還是店員完全對。只是店員不知道店長爲什麼會這麼嚴格，店長也不知道店員爲什麼跟不上自己的腳步。我覺得身爲儲備店長，應該要讓雙方確實了解彼此的想法哦。」

「原來如此。」K恍然大悟，決定和店長詳談，希望能夠了解店長的經歷、體驗、重要的觀念、身爲店長想要完成的責任、理想的狀態等。

結果發現，V店長曾經因爲不好意思指出店員的缺失，導致無法確實培育原本具有潛力的人才。因此V店長認爲即使因爲嚴格而被店員討厭，也要讓店員培養良好的習慣。V店長相信即使店員現在有所反彈，未來一定也會覺得：「那時候的訓練爲我加分不少。」

K這才明白「店長這麼做其實是爲店員好，只是溝通不良造成誤會」。因此K反覆向店員說明店長的想法：「只要善盡本分就不會被店長責備，這些經驗一定能夠讓大家成長。」並率先修正自己被店長指出的缺失。

原本嚴格指出缺失的店長也因爲看見店員開始改變，不再一一責備，而是高興地站在遠處觀察努力工作的店員。

過了一陣子之後，V店長把K找去：「在我合作過的儲備店長裡，你是最可靠的。相信你和其他任何店長合作，也都能勝任。店長有各式各樣的類型，請對自己有信心。你一定可以做得到。」

K發現在V店長底下工作，成長最多的不是店員，而是自己。因爲自己原本以爲只要做好協調的工作即可，現在則是會爲門市著想，積極思考應該怎麼做並付諸行動。

當K自己升爲店長，也活用自身經驗，將培育積極行動的儲備店長視爲重要課題。

以OJT確定判斷標準

培育儲備店長時有一項特別重要的重點，「讓儲備店長以和店長相同的標準做出判斷」。公司期待店長能夠根據達成共同目標、讓顧客滿意、讓店員成長以及對團隊的影響、可塑性等，兼顧長期、大局與基礎的想法做出判斷。當店長做出判斷，就必須承擔責任——因此這可以說是店長最重要的工作。

爲了做出正確判斷，必須擁有一定的知識、經驗與見識。因此，即使不能將所有判斷都交給儲備店長，也要盡可能讓儲備店長累積經驗。這樣一來，當儲備店長成爲店長，就能夠做出正確的判斷。

此外，當店長委託儲備店長擔任代理店長，將部分權限交給儲備店長時，必須讓儲備店長學習自己的判斷標準。爲什麼呢？要是店員因爲店長不在而尋求儲備店長的意見，但儲備店長與店長的意見相左，會讓店員覺得無所適從，甚至有可能損失顧客的信賴。

不過，店長也不可能爲了讓儲備店長學習自己的判斷標準，而隨時待在儲備店長身邊，對每件事做出指示「這時候要做出這樣的判斷」。再加上如果儲備店長遇事就問店長：「該怎麼做才好？」判斷能力是不可能提升的。果不其然，在必須自己承擔責任而感到緊張的情況下，人們的判斷能力才能夠提升。

那麼，要怎麼做呢？接下來介紹的ＯＪＴ，能夠有效培育以兼顧長期、大局與基礎的想法做出判斷的儲備店長。

① 讓儲備店長了解自己的決定是「根據什麼樣的判斷標準」而成。

② 刻意給予儲備店長判斷的機會。此時，針對儲備店長做出的判斷不能只說「好或不好」，必須詢問儲備店長「爲什麼會這麼判斷？」確認雙方判斷標準是否相同。若是不同，則要告訴儲備店長重點，也就是雙方的哪些觀點不同。

③ 當儲備店長詢問：「該怎麼做才好？」先確認儲備店長的想法：「你覺得該怎麼做才好？」

④ 定期追蹤理想與現實的差距。

⑤ 讓儲備店長提出自己的想法：「我覺得要這樣做比較好，因為……」

接待顧客時，有時候可能需要做出「需要稍微偏離公司規定」的決定。此時，如果不事先確實說明，儲備店長就會誤解「店長擅自違背規定」、「既然店長違背規定，表示我也不用遵循那項規定吧」。然而，也不能因為害怕招致誤解，導致應對缺乏彈性，總是對顧客說：「我們規定不能這麼做。」

店長雖然有遵循規定、讓店員遵循規定的責任，但也有理解規定的意義並加以活用的價值。有些店長會因為心想「如果儲備店長表現突出，會降低店長的存在感」而避免積極活用有才的店員。這種店長可以說判斷事物時都是以「自己」為出發點，而忘了自己所屬的公司與顧客。

只要是人，都會覺得自己最重要、最值得，自然會把「自己」放在「組織」前面。然而，組織裡有許多了解人性的專家。若問公司會不會把重大責任交給優先考慮自己而非組織或部下的人？答案絕對是「不會」。比起不斷強調個人功勞的人，公司會肯定並重視總是把公司的未來、店員的成長放在第一位的人，或是讓店員覺得：「自己之所以能夠成長，都是託那位店長之福」的人。

猶太經典裡有這麼一句話：「即使用一根蠟燭點燃許多蠟燭，第一根蠟燭的火焰也不會變弱。」用組織來說，即使你發揮店長的領導能力，點燃儲備店長等許多蠟燭，整個組織一定更能夠發光發熱吧。

Chapter 6

如何開拓自己的未來

本章將以店長的煩惱「身為店長，看不見自己的未來」為主，說明思考職涯策略時的重點。

接著思考在未來的時代，怎麼做才能提升自己的市場價值。

CASE 6

身為店長，看不見自己的未來！

L已經是資深店長了。在店員協助下，門市業績穩定成長，L認為自己身為店長還算稱職。然而，店員們某一天表示：「L店長應該要榮升了吧？」

L店長不是沒有想過這個問題，然而位置有限，升遷並非易事。以往透過適時的門市調動，L店長並沒有因為習慣而變得虛應故事。然而L店長感到非常不安：「自己如果再做五年、十年店長，也只是重複相同的工作，會不會就此停止成長？」

思考一下　如果你是L，你會如何描繪自己的未來？

關鍵重點　擺脫封閉感、開拓人生的必要條件

一、確定自己的職涯策略

二、提升身為店長的市場價值

關鍵一　確立自己的職涯策略

確立願景的同時，確立自己未來的職涯

人們只要確定自己的目標「在何時之前，無論如何都想要嘗試的事物！」並深信達成目標對自己的未來有加分作用時，即使處於稍微痛苦的環境，還是可以自己賦予自己動機。因爲只要明確描繪未來「自己想要成爲的狀態」——也就是願景——就能深切感受到自己正一步一步接近目標。

願景，能從內在給予自己動力。

我畢業後的第一份工作，是在大企業工作，而參加入社典禮當天，我深切感受到願景的力量。看著身穿全新西裝或套裝，將整個會議廳坐滿的數千名新進員工，我忍不住對隔壁的同期女性員工說：「嗚哇，要在這幾千人裡出人頭地，一定很辛苦吧。」

她的回答是：「光是同期員工就這麼多了，在這樣的組織裡一定能成就一番大事。如果是這樣，一定很有趣。」我體認到「面對相同的事實，每個人的想法都不同」，在此同時，我也認爲「她一定能成爲居於上位影響組織的人吧」。

事實上，十年後的她的確就任國際領域重要事業群的專案領導者，管理著許多員工。

「腦海中描繪的事物」十分重要。我相信她的願景一定是活躍於國際吧。不僅如此，她在菜鳥時代就勇於發表自己的意見，並爲此而不斷學習。此外，她也懂得用樂觀的態度消除壓力。她打造了理想中的自己。這正是「願景」的力量。

另一方面，當時我的口頭禪是「總之先做再說」，即使對未來感到不安，卻已經自暴自棄「反正我成就不了什麼大事」。因此，我並沒有像她那麼努力，我一邊處理新人負責的雜事一邊抱怨，甚至開始爲自己找藉口：「優秀人士和我住在不同的世界」。當時即使有人對我說：「要有願景」，我也只是當做漂亮的場面話。一想到我使用「時間」這項資源的方法，就覺得自己過去眞的很浪費。

相信你也是如此，有時因為聽到其他人說：「要有願景」而認真思考，有時因為被每天的例行業務淹沒，即使拼命想也想不出個所以然來。即使如此，描繪願景對你來說，還是非常重要的。描繪未來願景的力量，或許是上天賦予人類的特權。尤其是身處於尊重自由的民主社會，我們擁有為實現願景而改變現狀的權利。

願景，能讓自己以最大限度活用手中擁有的能力與機會，開拓更加美好的未來。此外，願景並非向其他人暫借之物，答案就存在於自己心中。請靜下心來，聆聽自己的聲音，包括「只要完成什麼就此生足矣？」「在做什麼事的時候，會覺得自己是真實的自己？」「在什麼時候最發光發熱？為什麼？」「可以想像三年後的自己嗎？屆時要如何才能覺得自己成功了呢？」等。站在客觀的角度來看，應該就能想像自己最發光發熱的狀態。

●案例研究——以願景培育許多知名店長的M店長

M店長因為喜歡接待顧客而選擇了現在從事的工作。可以接觸到各式各樣的顧客，學習甚多，如果可以，M店長希望可以一直做下去。

雖然M店長也曾經因爲碰壁而想要放棄，但每次都受到顧客溫柔的笑臉與話語鼓勵而跨越難關，可以說是「因爲想要看見顧客的笑臉而努力到現在」。

就任店長時，M因爲無法做好自己最喜歡的接待工作，加上覺得自己不適合擔任領導者而感到煩惱。

然而，M店長一心一意認爲「即使不是自己直接接待顧客，也要創造讓顧客覺得舒適的門市」，因此即使自己做爲店長不夠成熟，M店長還是持續讓店員了解自己的想法，並鼓勵店員「讓我們一起努力吧」。此外，當店員心情消沉，就會使門市整體的氛圍感覺變得陰沉。因此M店長總是盡可能留意店員的表情，設法讓店員露出笑臉。

在不知不覺間，顧客、主管都會稱讚「這間門市很團結」。其中，甚至有店員表示：「比起我之前待過的那些門市，我覺得在這間門市工作最開心。」當M店長忙著讓門市達成業績目標，店員也會默默提供許多協助。此時，M店長感受到的喜悅更勝接待顧客，由衷覺得能夠擁有這些店員是自己的福氣，甚至會熱淚盈眶。

M店長從顧客、店員身上學到許多，其願景爲「希望店員都能感受到接待客顧的喜悅——建立與顧客之間的信賴關係，當顧客指名要自己接待時的醍醐味。希望重視顧客、店員的店長越來越多」。因此，M店長理想中的職涯是「透過各式各樣的實驗，一年接一年挑戰店長這份自己得心應手的工作」，並擁有「當自己對這件事不再感興趣，就要主動提出辭呈」的想法。

M身為店長，總是站在遠處仔細觀察店員工作的情況，掌握店員的優點，思考該如何讓店員發揮所長。由M店長培育的店長們，都傳承了M店長從以前累積到現在的訣竅。

一如經營者不會就這樣結束般，店長的工作也是如此。店長時代與顧客、店員建立的信賴關係，可以說是店長這份工作的勳章。

對於過去立志成為店長的人來說，或許只要以店長的身分達成一定程度的目標，就會一時看不見未來的願景。此時，相信大家心裡會覺得焦躁不安「這樣下去好嗎？」「我之後應該怎麼做呢？」或者飽受封閉所苦，其實此時更應該停下腳步，確實思考自己往後的職涯。

以「職涯策略」選擇並集中資源

「只要認真工作就穩如泰山」這樣的時代已然結束。現在，身處組織的人們如果無法持續提升自己的價值，將難以維持目前的地位。

自己規劃足以實現願景的職涯，並計劃性地擬定明確的課題——這可以說是「職涯策略」。由於時間、金錢等資源有限，魚與熊掌不可兼得。相反的，我們必須將資源集中在有所割捨後做出的選擇，加強自己的優勢。此時，無法勇於決定的原因之一是「資訊不足」。

資訊若是不足，就會陷入「我想成爲○○，但不知道該怎麼做」的情況，無法掌握自己應該要做的事，或者對自己前進的方向沒有信心。如此一來，大多會半途而廢。爲了做出讓自己能夠接受的決定，要積極收集必要資訊。

就路線而言，除了繼續留在公司內部，還有其他選項。

決定之後，就要爲創造機會而積極行動。在此同時，還要提升必要能力，才能把握住機會。舉例來說，爲全球化趨勢而學習英語等外語，爲實務經驗加分，讓自己確實具備「與其他人不同」的優勢。如果要從事完全沒有經驗的工作，則要從零開始輸入知識。

此外，經營人脈也很重要。人脈能夠帶來資訊，也能提升獲得推薦的機率。除了公司內部與相同業界，其他業界的人脈也能派上用場。前提是必須努力維持雙方的關係，讓對方自願「積極提供有所幫助的資訊」。店長時代爲了獲得顧客與店員信賴而持續付出的結果，一定對經營公司內外的人脈有所幫助。

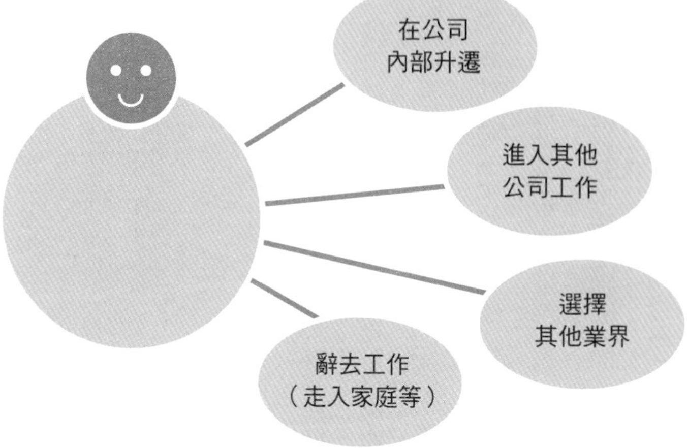

圖 6-1：各式各樣的選項

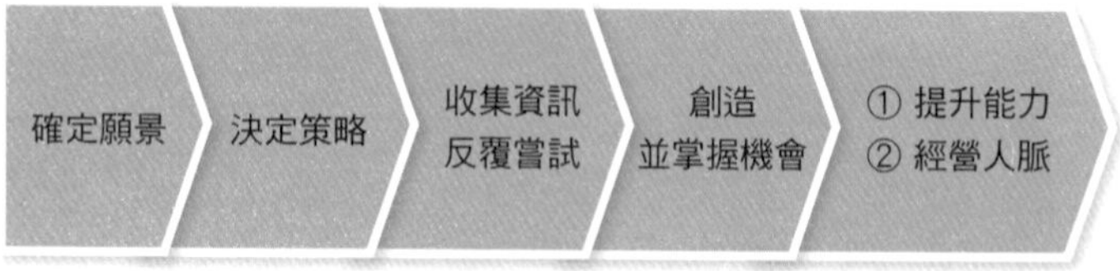

圖 6-2：擬定職涯策略的步驟

若是希望工作時能同時未雨綢繆，除了上班時間，其他時間也要更加有計劃性地使用。這麼做即使會造成一定的負擔，還是遠比只是漫不經心地想「這樣下去好嗎？」要來得有成就感。描繪未來的願景，等於充實現在。

個人責任的重要性

決定職涯策略時，對於「個人責任」的觀念非常重要：

- **人生是一連串選擇的結果，無論結果如何，都是自己的責任。**
- **讓自己的人生變得更好，也是自己的責任。**

關於前者，當你被其他公司挖角，猶豫是否要離開現職的時候，沒有人知道怎麼選擇才是正確答案。爲什麼呢？因爲是不是正確答案，取決於你選擇的行動。

如果你選擇在全新的環境裡，爲了完成衆人期待的任務而全力以赴，就能提升有所成果的機率，最後的結果就有可能是好的。即使期間發生各式各樣的問題，也都是你選擇的行動帶來的結果。因此，「通往正確答案的道路」並不是一開始就決定好的，端看你在自己選擇的舞台，打造了什麼樣的自己。

當然，即使處於「因爲無法確定自己想要做些什麼而感到焦躁」的狀態，「不決定」這個決定也是你的選擇。就這點來說，你是自由的。既然是自由的，就必須承擔責任。但不是說「既然是自由的，就可以隨心所欲」，必須自己決定「選擇什麼樣的行動，才能聰明地讓結果爲自己加分」。這才是個人責任。

杜拉克說：「透過自己扮演的角色，以最大限度發揮與生俱來的才能——是人類的責任。」我們一出生就擁有成長、提升自我、喜悅等，讓人生變得更好的能力，因此人類才能持續進化。能夠發揮這項能力的，只有自己。無論身邊的人再怎麼給予鼓勵，只要當事者沒有意願，就不可能付諸行動。

當你選擇了店長這項工作，你就會和公司、顧客、店員……等許多人產生連結。爲了讓自己的人生變得更好，你必須承擔爲相關人士發揮所長的責任。如果因爲抱持不滿而放棄努力，心想「反正人生就是這樣、工作就是這樣」，這樣的店長可以說是不負責任。你在店長時代累積的經驗，將成爲未來的基礎。洞察未來的能力、與相關人士共同擁有目標的能力、與其他人建立信賴關係的能力、解決問題的能力、讓對方了解自己的想法，進而讓對方給予協助的方法……這些培育人才、提升魅力、創造粉絲的力量與經營觀念，無論到哪裡都能派上用場。

光是紙上談兵，無法擁有這些能力。正因爲有每天與夥伴認眞挑戰困難目標的經驗，才能眞正擁有這些能力。換句話說，只要充實現在，就能讓未來發光發熱。

關鍵二——提升自己做為店長的市場價值

店長角色高度化

就像現在日本有「成熟化社會」之稱，生活所需事物一應俱全，人們的基本需求都能獲得滿足。這樣一來，需求標準就會越來越高。因此各間企業無不使出渾身解數開發性能更好、更便利的商品。然而，顧客不僅很快就會視其爲理所當然，增加其他需求不高的性能與機能也幫助不大。

現在顧客追求的是，符合「個人」生活風格與堅持的商品。如果不符合個人需求，即使再優秀也不會暢銷。

門市是直接接觸「個人」、掌握「個人」追求事物的重要接點之一。也就是說，門市做爲掌握「個人」資訊、滿足「個人」需求之處，重要性備增。

此外，光是商品無法讓顧客滿意。包括提供商品的方式、是否舒適、是否一目了然、速度等，都是顧客判斷「是否滿意」的條件。尤其是在競爭如此激烈的情況下，門市做為提供商品與服務之處，才更需要加以研究。

因此，店長的工作標準也會越來越高。

由於變化劇烈，組織高層漸漸無法一一給予指示並直接控制。在門市詢問高層意見的時候，情況或許已經有所改變。身爲店長，必須快速掌握資訊，判斷「怎麼做才能提升價值」，一邊和店員集思廣益一邊開發全新的銷售技巧，使效果與效率更好。店長的彈性因應將左右組織的發展。

換個角度來看，等於店長必須加強掌握資訊的能力、判斷的能力、創造點子的能力、決定的能力、領導店員的能力。在未來的時代裡，「店長造成的差距」將會越來越大。

透過自我革新提升店長力

即使工作標準越來越高仍然持續革新的店長，一言以蔽之，就是市場價值很高的「專業人士」。目前的確有越來越多店長不會空談理論，而且擁有優異的管理能力與領導能力，形成全新的典型。

要成爲符合衆人期待的店長，正如第一章至第六章所述，必須具備以下能力：

① **正確理解店長的使命、設定門市的願景並領導店員。**
② **擬定實現門市願景的策略，與店員一同確實轉動PDCA。**
③ **與店員共同擁有目的與目標，協助店員提升能力、邁向成功。**
④ **以企劃提案向主管尋求組織的協助。**
⑤ **培育儲備店長，確立健全的風氣。**
⑥ **確定並挑戰充實人生的職涯策略。**

最後，我們要思考平常可以做些什麼來增加這些能力。

挑戰是指「自我革新」。那麼，要革新什麼呢？**包括「觀念」、「能力（技巧）」與「行爲模式」。這些都密切相關，足以改變自己。反過來說，也只有自己能夠改變自己。**只要改變自己，四周看待自己的角度與互動也會改變。也就是說，自己可以改變自己身處的狀況。爲此，必須以「在何時之前要如何」爲目標，並於行動時有效活用時間。

在此介紹N店長爲自我革新而隨時隨地妥善活用時間的案例。

●案例研究——因育兒離職而成長的N店長

N是一名熱衷工作的女性店長，爲公司與店員所信賴。然而育兒與工作難以兩立，導致她必須暫時離職，身邊的人都覺得非常遺憾。喜愛接待、銷售而覺得工作十分有意義的N店長將離職視爲「讓人生更加開闊的必要階段」，育兒期間，她開始學習英語。只要會簡單的英語對話，除了能夠享受國外旅遊，也能在門市接待因全球化持續進展而增加的國外顧客。因爲在家裡大聲朗誦也不會覺得丟臉，所以她每天反覆練習英語會話。之後，基礎的英語會話已經難不倒她了。

有些店員會針對育兒提供她許多建議，而她購物時也會前往那些門市詢問對方：「爲什麼能把接待顧客的工作做得這麼好？店長實施了哪些管理措施？」她每天瀏覽網路、報紙，思考現在哪些公司業績比較好的原因。此外，她對「媽友」[1]們的對話很感興趣，也很好奇大家會以哪些標準來選擇商品與門市。有些「媽友」的丈夫從事自營業，因此她對經營公司的困難有些許了解。

1 譯注：因彼此都身爲人母而認識的朋友。

更有甚者，她因爲「想要成爲好母親」而開始閱讀育兒書籍，她發現這對她培育店員也有很大的幫助。

不知不覺就這樣過了幾年，她有了可以重新開始工作的環境。N在丈夫鼓勵下寄出履歷，表示「這幾年對我來說十分珍貴，我學習到各式各樣的事物，希望能對社會有更多貢獻」。

她很幸運地獲得錄取，並考慮進入那間公司工作。然而之前她在百貨公司裡的門市擔任店長，而百貨公司的經理也在此時與她聯絡：「我想要介紹你去某間公司工作」。經理表示：「因爲我知道你過去的工作情況，讓人很放心，而且我想你經過這幾年一定成長許多，要不要在那間公司努力看看？」自從離職，N就再也沒有見過經理。N除了向經理表達謝意：「非常感恩，請務必給我這個機會。」也深切感受到「經營人脈」的重要性。

N在經理推薦下進入那間公司，工作時全力以赴。休息那幾年，她有好多想要嘗試的事物，能夠在第一線實現，她覺得十分高興。

現在她負責重要的大型門市，指導店長也是她的工作之一。她以親身經驗，輔導對於職涯感到不安的店員。甚至有店長把N當做自己的目標。N認爲：「只要目的與目標明確，無論去哪裡、做什麼，都不會浪費」、「無論我身在何處，我都會盡一切可能貢獻」、「享受變化在現在這個時代很重要」。可以說這樣的觀念提升了N值得信賴的程度，並創造了N所處的環境與狀況。

門市是朝未來邁進的實驗之處。向未來播種，期許種子能夠開花。如果事前知道哪顆種子百分之百會發芽，就一點也不有趣了。每天收集資訊，自己撰寫劇本並加以嘗試，慢慢地提升成功率。只要視其爲個人責任認眞面對，就能加強經營觀念與策略思考。

請你以門市經營者的身分確立願景並集中能量，這麼做一定能夠開發你的潛藏能力。許多人由衷希望你能夠成長——請細細品味這種幸福。在此，將杜拉克說的話送給每天努力經營門市的店長們。

「領導能力能夠提升個人願景、個人績效與個人品性。」——杜拉克

此外，書末附上「店長自我檢查表」，請定期確認自己的狀況、感受自己的成長，或者可以請主管或店員協助回饋意見。希望它能協助各位發現自己的課題。

店長自我檢查表

	項目	○	×
1	是否能夠掌握門市擁有的經營資源？		
2	是否正確理解公司的社會責任、策略與主管的期待？		
3	是否能深入淺出地讓店員了解公司的社會責任與策略的意義，並讓店員付諸行動？		
4	針對「在何時之前，讓門市處於何種狀態」是否有明確的願景？		
5	實現願景是否有「這麼做就會成功」的劇本？		
6	是否擬定並推動了門市創造固定顧客的策略？		
7	是否與每個店員面談，讓店員有努力達成目標的想法？		
8	是否依照計劃創造固定顧客，並確實觀察及驗證結果？		
9	是否爲建立與店員之間的信賴關係而思考與行動？		
10	是否會依照店員熟悉工作的程度來改變指導與協助方式？		
11	是否能以主管的觀點來思考自己應該要怎麼做並加以行動？		
12	是否能以充滿魅力的企劃提案取代單純的要請，爭取其他人的協助？		
13	是否透過ＯＪＴ有計劃性地培育儲備店長？		
14	是否能夠決定並設法實現自己的願景與職涯策略？		
15	是否轉動ＰＤＣＡ管理循環，有效活用時間？		

BIG叢書0252
店長勝經
新しい「店長のバイブル」

作　者—袋井泰江
譯　者—賴庭筠
主　編—林芳如
執行企劃—林倩聿
封面設計—張溥輝
內頁設計—陳郁汝
董事長—趙政岷
總經理
總編輯—余宜芳
出版者—時報文化出版企業股份有限公司
10803台北市和平西路三段二四〇號四樓
發行專線—（〇二）二三〇六六八四二
讀者服務專線—〇八〇〇二三一七〇五
（〇二）二三〇四七一〇三
讀者服務傳真—（〇二）二三〇四六八五八
郵撥—一九三四四七二四時報文化出版公司
信箱—臺北郵政七九～九九信箱
時報悅讀網—http://www.readingtimes.com.tw
法律顧問—理律法律事務所　陳長文律師、李念祖律師
印　刷—盈昌印刷有限公司
初版一刷—二〇一四年十月十七日
定價—新台幣二八〇元

國家圖書館出版品預行編目資料

店長勝經／袋井泰江著；賴庭筠譯.
-- 初版. -- 臺北市：時報文化, 2014.10
面；14.8*21公分
譯自：新しい「店長のバイブル」

ISBN 978-957-13-6076-8(平裝)

1. 商店管理

498　　103017961

ISBN 978-957-13-6076-8
Printed in Taiwan